Experimentieren für alle!

Wenn du etwas Leckeres kochen möchtest, dann kannst du ein Kochrezept durchlesen und ein passendes Video im Internet suchen. Mit vielen Experimenten im Themenheft is es ähnlich: Du kannst die Anleitungen auf den Materialseiten durchlesen und unsere **Versuchsvideos** dazu anschauen. So gelingt das Experimentieren garantiert!

Versuchsvideos für dich: QR-Codes im Themenheft

Das Zeichen → [▣] bei einem Experiment zeigt an, dass hinter dem QR-Code ein Versuchsvideo „steckt".

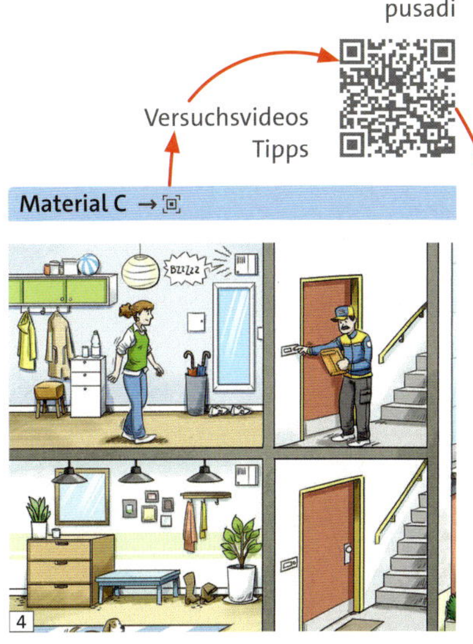

Scanne den Code mit dem Handy. Oder gib die sechs Buchstaben über dem Code auf dieser Webseite ein: **www.cornelsen.de/codes**

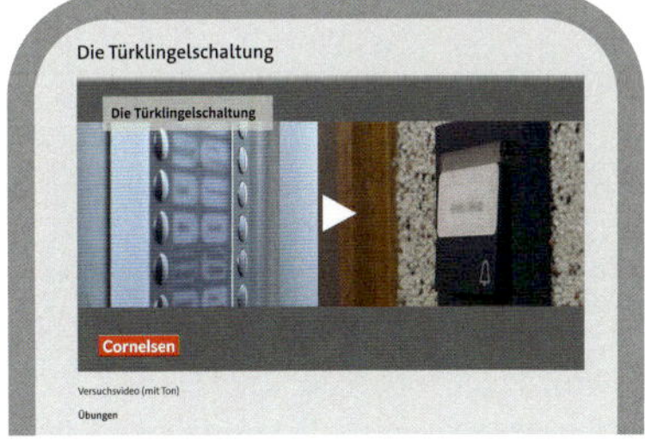

Schaue das Video an. Danach gibt es interaktive Übungen. Löse sie – und checke deine Antworten selbst!

hirude

Im Film erfährst du, wie die Versuchsvideos über die QR-Codes im Themenheft genutzt werden.

Versuchsvideos und mehr für Lehrkräfte: Links im Unterrichtsmanager Plus (UMA Plus)

Zu jedem Versuchsvideo gehört ein **Rundum-sorglos-Paket** für Lehrkräfte. So wird das Vorbereiten, Durchführen und Auswerten der Experimente optimal und zeitsparend unterstützt.

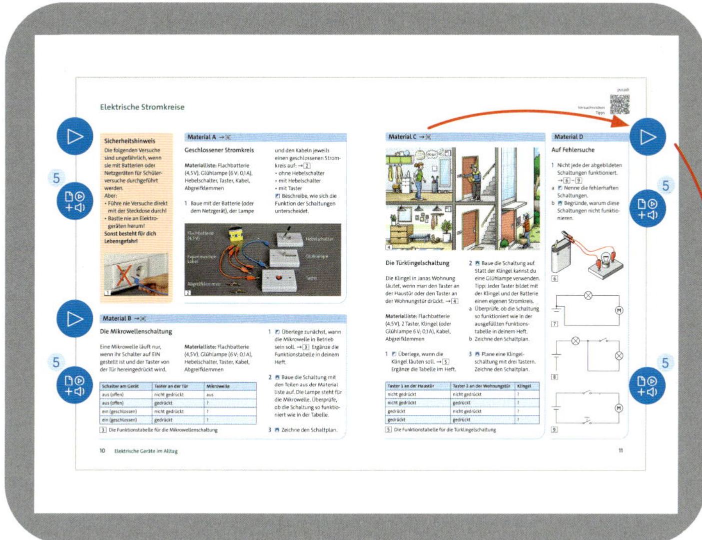

Über den Videolink zum Versuch erreichen die Lehrer und Lehrerinnen im UMA Plus folgende Inhalte:

- das **Versuchsvideo** (wie beim QR-Code)
- **interaktive Übungen** zum Selbstchecken (wie beim QR-Code)
- ein **Video vom Aufbau** des Experiments (bei komplexen Experimenten)
- eine **Materialliste**
- **Hinweise** zur Durchführung und Auswertung des Experiments
- eine **Messwertetabelle** (in ausgewählten Fällen)
- eine editierbares **Arbeitsblatt** mit Lösungen und gestuften Hilfen zum Download
- eine editierbare **Protokollvorlage** zum Download
- eine editierbare **Gefährdungsbeurteilung** zum Download
- weiterführende **Projektideen**

foxivo

Im Film erfahren Sie, wie die Versuchsvideos und ihr Beimaterial über die Links im UMA Plus genutzt werden.

NATUR UND TECHNIK
Elektrizität
Experimentieren für alle
Hybrides Themenheft

Autoren: Siegfried Bresler, Franz Mangold

Mit Beiträgen von: Holger Hellendrung, Dr. Dietmar Karau, Dr. Jochim Lichtenberger, Sven Theis

Illustration: Rainer Götze, Matthias Pflügner

Redaktion: Thomas Gattermann, Stephan Möhrle

Umschlaggestaltung: agentur corngreen, Leipzig (Umsetzung), SOFAROBOTNIK GbR, Augsburg & München (Konzept)

Layoutkonzept: klein & halm Grafikdesign, Berlin; Typo Concept GmbH, Hannover

Technische Umsetzung: Reemers Publishing Services GmbH, Krefeld

Begleitmaterialien zum Lehrwerk

E-Book mit Medien	1100035907
Unterrichtsmanager Plus	1100035910

www.cornelsen.de

Dieses Werk enthält Vorschläge und Anleitungen für Untersuchungen und Experimente.
Vor jedem Experiment sind mögliche Gefahrenquellen zu besprechen.
Beim Experimentieren sind die Richtlinien zur Sicherheit im Unterricht einzuhalten.

1. Auflage, 2. Druck 2025

Alle Drucke dieser Auflage sind inhaltlich unverändert und können im Unterricht nebeneinander verwendet werden.

Druck: Athesiadruck GmbH, Bozen

ISBN 978-3-06-011522-8

Inhaltsverzeichnis

Elektrische Geräte im Alltag 4

Elektrizität verstehen 24

Anhang 70

Elektrische Geräte im Alltag

Modellautos brauchen Energie, um im Kreis fahren zu können. Wie wird die Energie zu den kleinen Flitzern übertragen?

Energieumwandlung für ein stimmungsvolles Licht – die LEDs wandeln elektrische Energie zum Teil in Strahlungsenergie um.

Der Haartrockner macht mithilfe elektrischer Energie aus kalter Luft bewegte warme Luft.

Geräte verändern unser Leben

1 So lebte man um 1900 ohne Elektrizität.

Geräte sind schon seit Langem „Diener" des Menschen. Was hat sich durch die technische Entwicklung verändert?

Das Leben heute • Du drückst auf den Lichtschalter – und schon ist es hell. Der Wasserkocher wird mit Wasser gefüllt und nach wenigen Minuten kocht das Wasser. Ein Mixer schlägt in kürzester Zeit Schlagsahne. Schmutzige Wäsche legt man in die Waschmaschine – und nach einer Stunde ist sie sauber. Das war nicht immer so.

Das Leben früher • Um das Jahr 1900 wurde abends beim Schein einer Petroleumlampe gelesen oder Hausmusik gemacht. Radios und Fernseher waren noch nicht erfunden. Zum Bügeln wurde glühende Holzkohle in Bügeleisen gefüllt oder eine Eisenplatte mit Handgriff erhitzt. Wasser musste auf einem Kohlenherd erwärmt werden. Sahne wurde mühsam mit einem Schneebesen geschlagen.

Maschinen und Geräte erleichtern unseren Alltag. Heute werden viele dieser Geräte mit elektrischer Energie betrieben.

Aufgabe

1 Lege eine Tabelle an. → 2 Stelle in ihr Tätigkeiten von 1900 und Tätigkeiten von heute zusammen.

Tätigkeit	
1900	heute

2 Beispieltabelle

yafajo

Lexikon
Tipps

das **Gerät**
die **Maschine**

Material A

Sahne schlagen wie früher

Materialliste: pro Gruppe ein Becher Sahne, große Schüssel (kein Plastik), Stoppuhr; Schneebesen, mechanischer Handmixer, elektrischer Handmixer

3

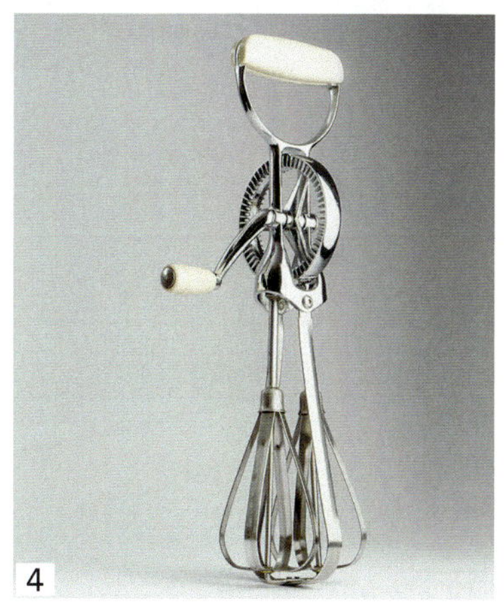
4

1 Bildet mehrere Gruppen. Jede Gruppe füllt flüssige Sahne in eine Schüssel. Stellt durch schnelles Rühren Schlagsahne her. Messt die Zeit, die ihr dafür benötigt, und notiert sie.

Je eine Gruppe benutzt:
- den Schneebesen → 3
- den mechanischen Mixer → 4
- den elektrischen Mixer

2 Nennt Vor- und Nachteile der drei Methoden zum Schlagen von Schlagsahne.

3 Beschreibt Situationen, in denen ihr den Schneebesen benutzen würdet.

Material B

Ein Leben ohne elektrische Energie

Stelle dir vor, du müsstest einen Tag ohne elektrische Energie verbringen.

1 Betrachte das Bild. → 5
a Nenne alle elektrischen Geräte.
b Gib an, welche elektrischen Geräte sich durch nicht elektrische Geräte ersetzen lassen. Lege dazu eine Tabelle in deinem Heft an. → 6

Elektrisches Gerät	ersetzbar durch
der Staubsauger	?

6 Beispieltabelle

5

2 Schreibe eine Geschichte für die Schulzeitung. Beschreibe deinen Tagesablauf ohne Smartphone, Stereoanlage, PC, elektrische Beleuchtung ... Welche Schwierigkeiten erwartest du? Könnte es auch Vorteile geben?

Elektrische Stromkreise

1 Die Mikrowelle

Die Mikrowelle ist eingeschaltet, die Lampe leuchtet. Die Schüssel mit den Mohrrüben dreht sich aber noch nicht. Ist der Motor kaputt?

Der geschlossene Stromkreis • Mit einer Batterie und zwei Kabeln kann man eine Glühlampe leuchten lassen. → 3 Die Batterie ist die elektrische Energiequelle. Wenn du mit dem Finger vom Minuspol der Batterie am Kabel entlang zur Lampe und am anderen Kabel weiterfährst, kommst du wieder zur Batterie zurück. Wir sprechen von einem geschlossenen Stromkreis – auch wenn die Schaltung nicht wie ein Kreis aussieht.

Der unterbrochene Stromkreis • Die Lampe leuchtet nicht mehr, wenn auch nur eine Verbindung im Stromkreis unterbrochen ist. Das ist zum Beispiel der Fall, wenn ein Schalter geöffnet wird oder der Glühdraht in der Lampe zerrissen ist. → 4

Glühlampen, Motoren und andere elektrische Geräte funktionieren nur, wenn sie einen geschlossenen Stromkreis mit der elektrischen Energiequelle bilden.
Jeder Kontakt des Geräts muss mit einem Pol der elektrischen Energiequelle verbunden sein.

Der Schaltplan • Um Stromkreise einfach und übersichtlich zu zeichnen, verwenden wir Schaltzeichen. → 8 Man erhält Schaltpläne. → 5

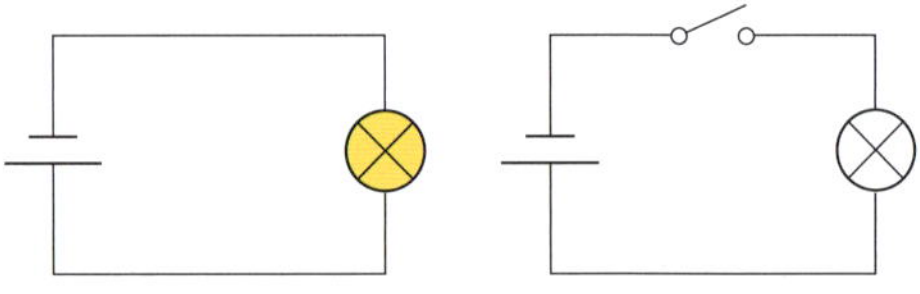

5 Die Schaltpläne zu den Bildern 3 und 4

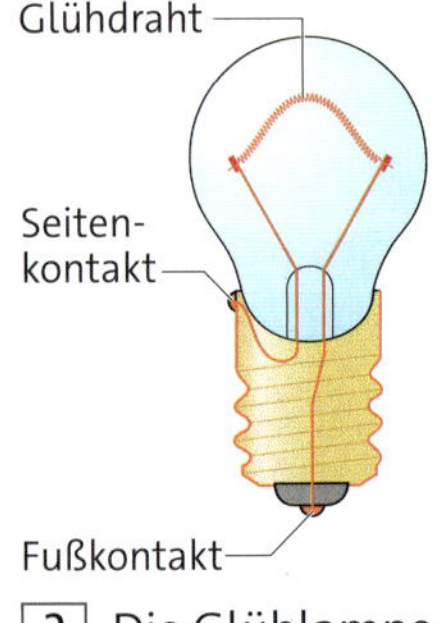

2 Die Glühlampe

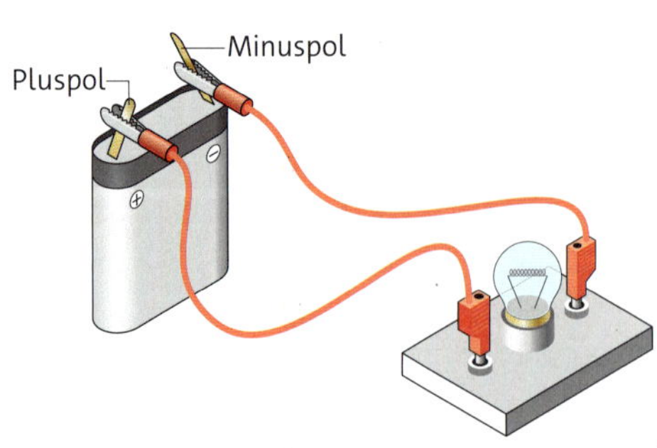

3 Der geschlossene Stromkreis

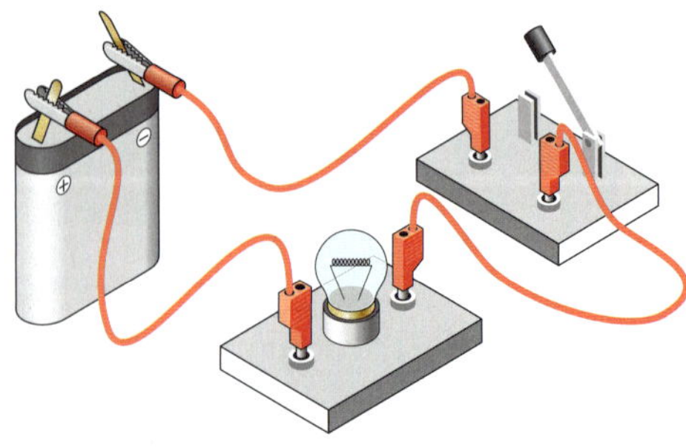

4 Der unterbrochene Stromkreis

sitoqo

Lexikon
Tipps

der **Stromkreis**
das **Schaltzeichen**
der **Schaltplan**
die **UND-Schaltung**
die **ODER-Schaltung**

Die UND-Schaltung • Die Schaltung für den Motor der Mikrowelle ist komplizierter. Der Motor läuft nur, wenn der „Start"-Schalter 1 *und* der Taster 2 in der Tür gedrückt werden. → 6 Die Tür muss also noch geschlossen werden.

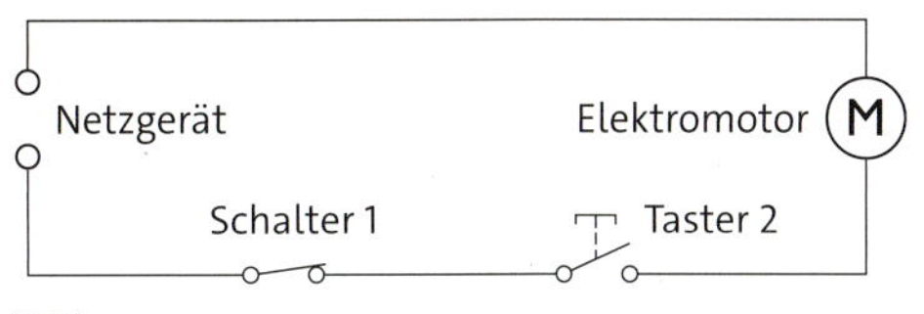

6 Die UND-Schaltung (unterbrochen)

Die ODER-Schaltung • In Häusern für viele Familien hat jede Wohnung zwei Klingelknöpfe – einen an der Haustür und einen an der Wohnungstür. Die Klingelknöpfe sind Taster. Sie sind nicht in einer Reihe, sondern parallel geschaltet. → 7 Die Klingel läutet, wenn der Taster 1 *oder* der Taster 2 gedrückt ist.

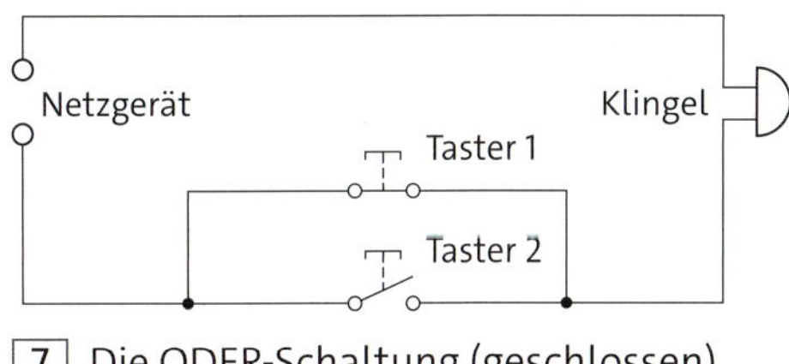

7 Die ODER-Schaltung (geschlossen)

Aufgaben

1 Zeichne den Schaltplan für einen Stromkreis aus Batterie, Motor, Schalter und Kabeln.

2 Zwei Glühlampen sind an eine gemeinsame Batterie angeschlossen. Dafür gibt es zwei Möglichkeiten. Zeichne die Schaltpläne.

Bauteil	Zeichnung	Schaltzeichen
die Batterie		Minuspol Pluspol
das Netzgerät (die elektrische Energiequelle)		
das Kabel (die Leitung)		
der Hebelschalter (geöffnet)		
der Taster (EIN)	der Taster (AUS)	
die Glühlampe		
der Elektromotor		M
die Klingel		

8 Elektrische Bauteile und ihre Schaltzeichen

Elektrische Stromkreise

Sicherheitshinweis

Die folgenden Versuche sind ungefährlich, wenn sie mit Batterien oder Netzgeräten für Schülerversuche durchgeführt werden.
Aber:

- Führe nie Versuche direkt mit der Steckdose durch!
- Bastle nie an Elektrogeräten herum!

Sonst besteht für dich Lebensgefahr!

1

Material A →

Geschlossener Stromkreis

Materialliste: Flachbatterie (4,5 V), Glühlampe (6 V; 0,1 A), Hebelschalter, Taster, Kabel, Abgreifklemmen

1 Baue mit der Batterie (oder dem Netzgerät), der Lampe und den Kabeln jeweils einen geschlossenen Stromkreis auf: → 2

- ohne Hebelschalter
- mit Hebelschalter
- mit Taster

Beschreibe, wie sich die Funktion der Schaltungen unterscheidet.

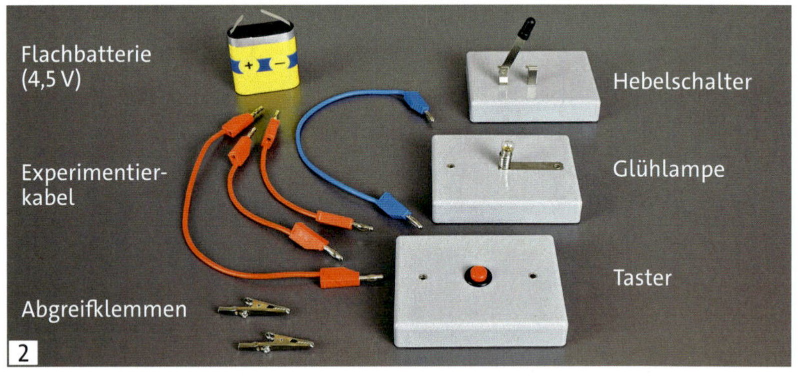

2

Material B →

Die Mikrowellenschaltung

Eine Mikrowelle läuft nur, wenn ihr Schalter auf EIN gestellt ist und der Taster von der Tür hereingedrückt wird.

Materialliste: Flachbatterie (4,5 V), Glühlampe (6 V; 0,1 A), Hebelschalter, Taster, Kabel, Abgreifklemmen

Schalter am Gerät	Taster an der Tür	Mikrowelle
aus (offen)	nicht gedrückt	aus
aus (offen)	gedrückt	?
ein (geschlossen)	nicht gedrückt	?
ein (geschlossen)	gedrückt	?

3 Die Funktionstabelle für die Mikrowellenschaltung

1 Überlege zunächst, wann die Mikrowelle in Betrieb sein soll. → 3 Ergänze die Funktionstabelle in deinem Heft.

2 Baue die Schaltung mit den Teilen aus der Materialliste auf. Die Lampe steht für die Mikrowelle. Überprüfe, ob die Schaltung so funktioniert wie in der Tabelle.

3 Zeichne den Schaltplan.

Material C →

4

Die Türklingelschaltung

Die Klingel in Janas Wohnung läutet, wenn man den Taster an der Haustür oder den Taster an der Wohnungstür drückt. → 4

Materialliste: Flachbatterie (4,5 V), 2 Taster, Klingel (oder Glühlampe 6 V; 0,1 A), Kabel, Abgreifklemmen

1 Überlege, wann die Klingel läuten soll. → 5 Ergänze die Tabelle im Heft.

2 Baue die Schaltung auf. Statt der Klingel kannst du eine Glühlampe verwenden. Tipp: Jeder Taster bildet mit der Klingel und der Batterie einen eigenen Stromkreis.

a Überprüfe, ob die Schaltung so funktioniert wie in der ausgefüllten Funktionstabelle in deinem Heft.

b Zeichne den Schaltplan.

3 Plane eine Klingelschaltung mit drei Tastern. Zeichne den Schaltplan.

Taster 1 an der Haustür	Taster 2 an der Wohnungstür	Klingel
nicht gedrückt	nicht gedrückt	?
nicht gedrückt	gedrückt	?
gedrückt	nicht gedrückt	?
gedrückt	gedrückt	?

5 Die Funktionstabelle für die Türklingelschaltung

Material D

Auf Fehlersuche

1 Nicht jede der abgebildeten Schaltungen funktioniert. → 6 – 9

a Nenne die fehlerhaften Schaltungen.

b Begründe, warum diese Schaltungen nicht funktionieren.

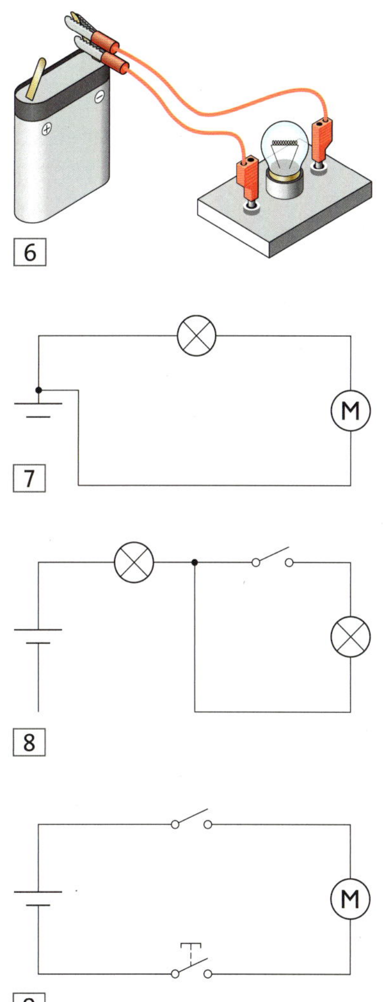

6

7

8

9

Nicht alles leitet

1 Kabel kaputt – was nun?

Materialien zur Erarbeitung: A–B

Warum besteht ein Kabel innen aus Metall, außen aus Kunststoff?

Der elektrische Leiter • Viele Kabel haben innen einen Draht aus Kupfer. →2 Metalle leiten den elektrischen Strom gut. Kupfer und Silber gehören zu den besten Leitern.

Draht aus Kupfer: elektrischer Leiter

Mantel aus Kunststoff: Nichtleiter (Isolator)

2 Das Kabel

> Alle Metalle sind gute elektrische Leiter.

Der elektrische Nichtleiter • Der Mantel des Kabels schützt uns vor dem elektrischen Strom. Denn Kunststoffe leiten den elektrischen Strom nicht. Auch Glas, Holz oder Kork leiten den elektrischen Strom praktisch nicht. Sie alle sind Nichtleiter.

> Kunststoffe, Glas, Holz, Gummi oder Kork sind elektrische Nichtleiter (Isolatoren).

Achtung! • Fasse nie ein beschädigtes Kabel an, das an eine Steckdose angeschlossen ist: Lebensgefahr! →3 Lass beschädigte Kabel von einer Fachkraft reparieren.

Flüssigkeiten • Öl und destilliertes Wasser sind Nichtleiter. Manche Flüssigkeiten sind Leiter: Dazu gehören Limonade, Essig und Salzwasser.

Mensch • Unser Körper besteht zu zwei Dritteln aus salzhaltigem Wasser.

> Unser Körper leitet elektrischen Strom. Bei Stromunfällen mit der Steckdose besteht Lebensgefahr.

Maßnahmen beim Stromunfall

- Unterbrich sofort den Stromkreis. Drücke dazu den Not-AUS-Schalter oder schalte die Sicherung aus.
- Fasse das Unfallopfer auf keinen Fall vorher an – sonst fließt der Strom auch durch dich!
- Rufe den Rettungswagen (Notruf: 112).
- Bei Atem- und Kreislaufstillstand sind Maßnahmen zur Wiederbelebung erforderlich: Herzdruckmassage (eventuell Defibrillator, Sauerstoffspende).

3 Falls es doch zu einem Stromunfall kommt

Aufgaben

1 Nenne jeweils drei Stoffe, die
a den elektrischen Strom gut leiten.
b den elektrischen Strom nicht leiten.

2 Unser Körper ist ein elektrischer Leiter. Nenne den Grund dafür.

3 Erkläre, warum Kabel aus Draht und Kunststoffmantel bestehen.

tosoxu

Versuchsvideo
Lexikon
Tipps

der **Leiter**
der **Nichtleiter**
der **Isolator**
der **Stromunfall**

Material A

Der Leitungstester für feste Stoffe

Materialliste: 3 Kabel, Batterie (4,5 V), Glühlampe (6 V; 0,3 A), Testgegenstände

1 Baue den Leitungstester auf. → 4 Überbrücke dann die „Leitungslücke" nacheinander mit Gegenständen. Wenn die Lampe aufleuchtet, leitet der Stoff, aus dem der Gegenstand besteht, den elektrischen Strom gut.

a Notiere die Ergebnisse in einer Tabelle. → 5

b Schreibe jeweils in einer Liste auf, welche Stoffe den elektrischen Strom gut leiten und welche nicht.

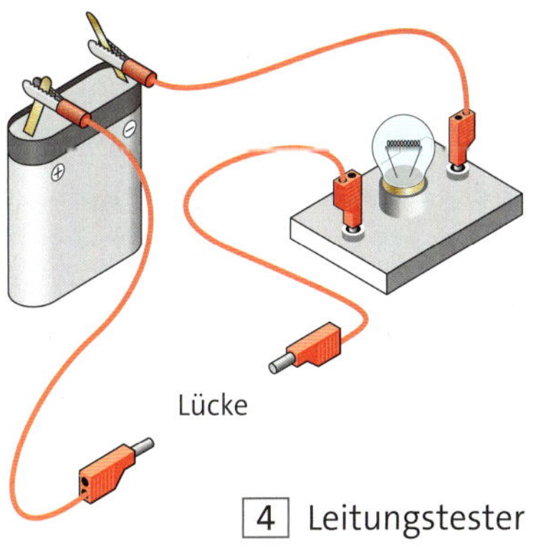

4 Leitungstester

Gegenstand	leitet?	Stoff
Schere	ja	Stahl
?	?	?

5 Beispieltabelle

Material B →

Der Leitungstester für Flüssigkeiten

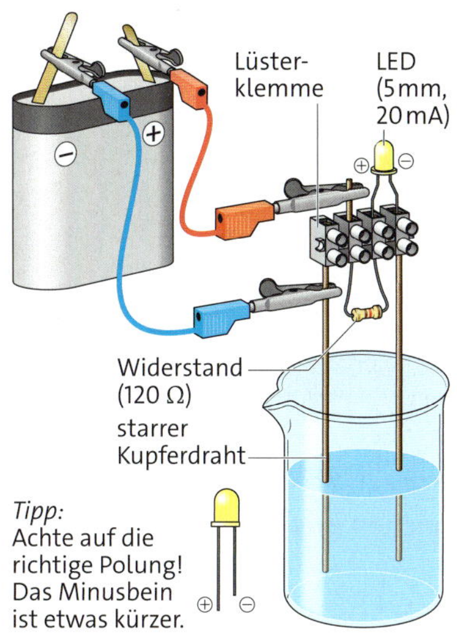

6 Leitungstester

Gegenstand	leitet gut
Speiseöl	ja/nein

7 Beispieltabelle

Materialliste: Flachbatterie (4,5 V), starrer Kupferdraht, Lüsterklemme, LED (5 mm, 20 mA), Widerstand (120 Ω), Kabel, Abgreifklemmen; Bechergläser mit Speiseöl, Saft, Salzwasser, Essig, Seifenwasser ...

1 Baue den Leitungstester auf. → 6

a Tauche den Leitungstester in die erste Flüssigkeit ein. Wenn die LED leuchtet, dann leitet die Flüssigkeit gut. Notiere die Beobachtung in einer Tabelle. → 7 Ziehe den Leitungstester wieder heraus und wische die Kupferdrähte ab.

b Untersuche auch die anderen Flüssigkeiten.

c Gib an, welche Flüssigkeiten gut leiten.

Material C

Ein ungewöhnlicher Stromkreis

1 Die rote LED-Lampe leuchtet. → 8 Zwischen den beiden roten Kabeln ist doch aber eine breite Lücke!
Erkläre, wie der elektrische Stromkreis in diesem Fall dennoch geschlossen wird.

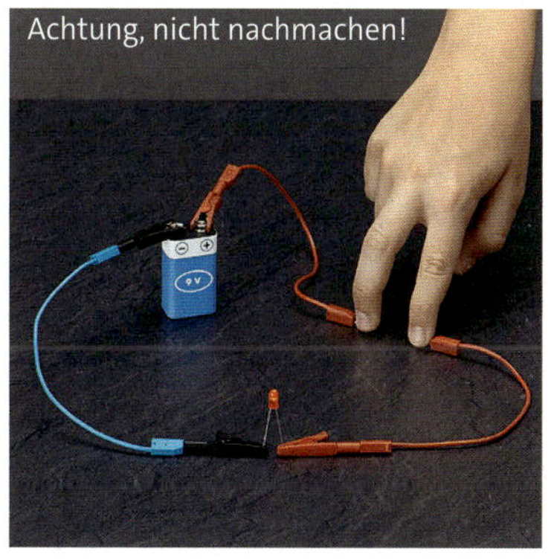

8 Geschlossener Stromkreis

Was elektrische Energie alles kann

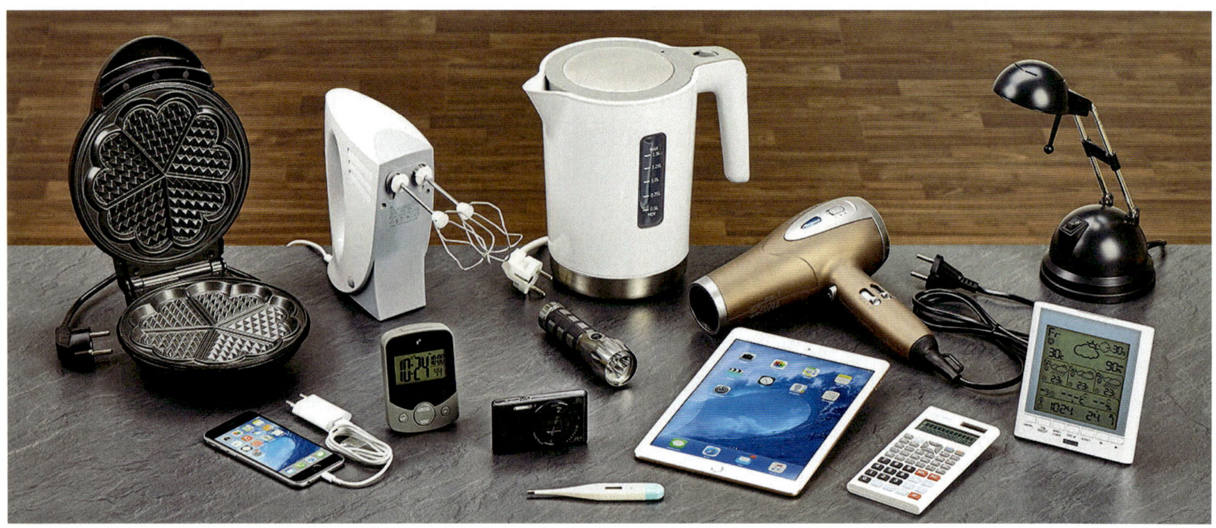

1 Viele Elektrogeräte für vielfältige Aufgaben

Materialien zur Erarbeitung: A–C

Elektrogeräte machen uns das Leben leichter.

Elektrische Energie nutzen • Mit elektrischer Energie können wir Wasser kochen, Kuchenteig rühren, unsere Haare trocknen oder ein Zimmer beleuchten. Dazu benötigen wir immer eine elektrische Energiequelle. → 2

Energieübertragung • Batterien, Akkus, Dynamos, Netzgeräte, Steckdosen oder Solarzellen liefern elektrische Energie an Elektrogeräte. Zur Übertragung dient der geschlossene Stromkreis. Wasserkocher, Mixer und Lampen sind Energiewandler. Sie wandeln elektrische Energie in Energieformen um, die wir nutzen. Immer entsteht auch ungenutzte thermische Energie.

Elektrogeräte nehmen elektrische Energie auf und wandeln sie in die Energieformen um, die wir zum Erwärmen, Beleuchten, Bewegen ... nutzen.

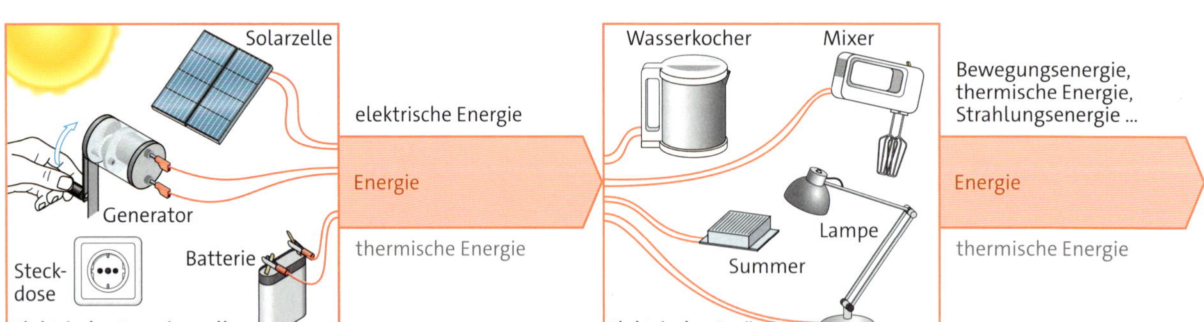

2 Elektrogeräte wandeln elektrische Energie um (grau: ungenutzte Energie).

die **elektrische Energie**
das **Elektrogerät**

Thermische Energie • Elektrische Energie wird oft in thermische Energie (Wärme) umgewandelt. Das wird vor allem an den Heiz- oder Glühdrähten elektrischer Geräte spürbar. → 3 Die Heizdrähte dürfen nicht berührt werden. Sie sind deshalb beim Bügeleisen in Keramik eingebettet oder wie beim Haartrockner (Föhn) von einem schützenden Gehäuse umgeben.

Strahlungsenergie • Der glühende Heizdraht im Toaster strahlt Energie mit sichtbarem Licht und unsichtbarer Infrarotstrahlung ab.
LED-Lampen und Monitore wandeln elektrische Energie auf andere Weise in Strahlungsenergie um. → 4 Sie erwärmen sich dabei nur gering und geben viel weniger thermische Energie ungenutzt ab als Glühlampen.
Mikrowellengeräte sowie Handys beim Senden wandeln ebenfalls elektrische Energie in Strahlungsenergie um. Diese Strahlung können wir nicht sehen.

Bewegungsenergie • Eine Spule im Stromkreis wirkt wie ein Magnet. Solch ein Elektromagnet kann Magnete und magnetisierbare Gegenstände bewegen. Das wird im Elektromotor genutzt. Magnetische Anziehung und Abstoßung versetzen ihn in Bewegung. → 5

Chemische Energie • Akkus treiben viele Elektrogeräte und Fahrzeuge an. Beim Aufladen bewirkt die elektrische Energie chemische Veränderungen im Akku. → 6 Elektrische Energie wird dabei in chemische Energie umgewandelt.

3 Toaster: glühend heißer Heizdraht

4 LED-Lampe: hell, aber nicht heiß

5 Haartrockner: Heizdraht und Elektromotor mit Gebläse

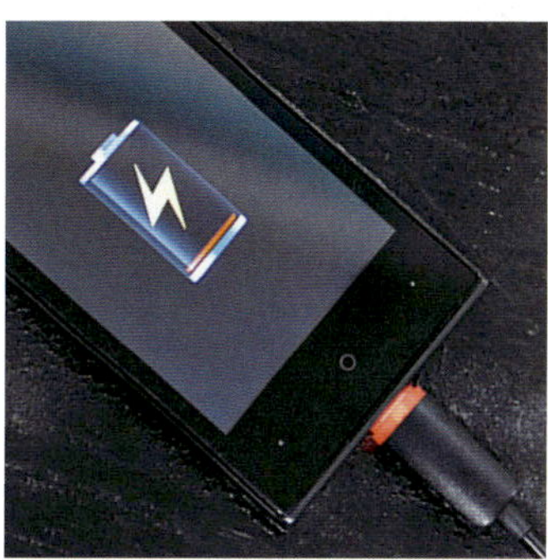

6 Smartphone: Aufladen des Akkus

Aufgaben

1 Elektrische Energie kann fast alles.

a ◩ Nenne 10 Geräte, die mit elektrischer Energie betrieben werden.

b ⊠ Nenne jeweils die gewünschte Energieform, die das Elektrogerät abgibt. Stelle die Geräte und die gewünschten Energieformen in einer Tabelle zusammen.

c ⊠ Zeichne für drei deiner Beispiele eine Energiekette. → 2

2 ⊠ Nenne 5 Elektrogeräte, die bei Betrieb warm werden und deren Wärme wir nicht nutzen.

Was elektrische Energie alles kann

Material A

Erwärmen durch elektrische Energie

Materialliste: Konstantandraht (25 cm lang, 0,2 mm dick), 2 Isolierstäbe, 2 Tonnenfüße, Kabel, Netzgerät (regelbar, 5 A), Papier

1 Spanne den Draht zwischen die Isolierstäbe. → 1 Falte das Stück Papier in der Mitte und lege es auf den Draht. Schließe den Draht mit den Kabeln an das Netzgerät an. ◩ Schalte das Netzgerät ein. Drehe den Regler, bis der Draht glüht. Notiere deine Beobachtungen.

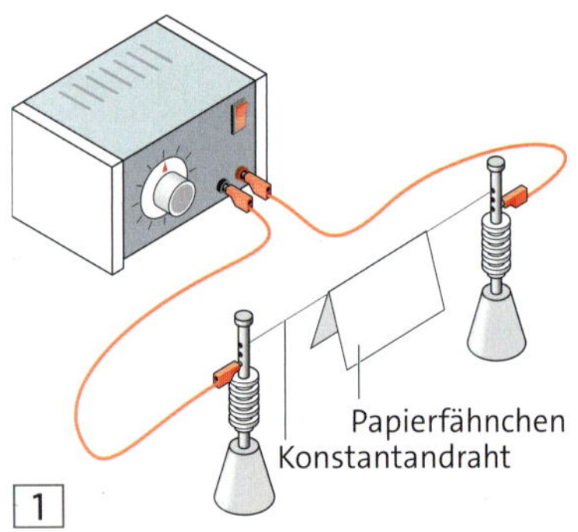

1

Achtung! • Heißen Draht nicht berühren!

2 ◩ Nenne mindestens 5 Geräte im Haushalt, die elektrische Energie in thermische Energie umwandeln sollen.

Material B

Erwärmen und Licht durch elektrische Energie

Materialliste: Glühlampe, Lupe, Konstantandraht (50 cm lang, 0,2 mm dick), Stricknadel, 2 Isolierstäbe, 2 Tonnenfüße, Kabel, Netzgerät (regelbar, 5 A)

1 ◩ Betrachte die Glühwendel der Lampe unter der Lupe. Beschreibe sie.

2 ◩ Wickle eine Hälfte des Drahts eng um die Stricknadel. → 2 Ziehe die Nadel dann aus der Wendel heraus. Schließe die Wendel an das Netzgerät an. → 3 Schalte es ein. Drehe den Regler, bis die Wendel glüht.

Achtung! • Heißen Draht nicht berühren!

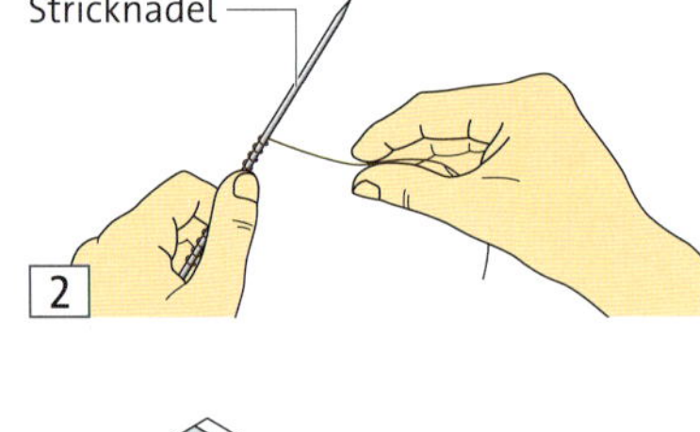

2

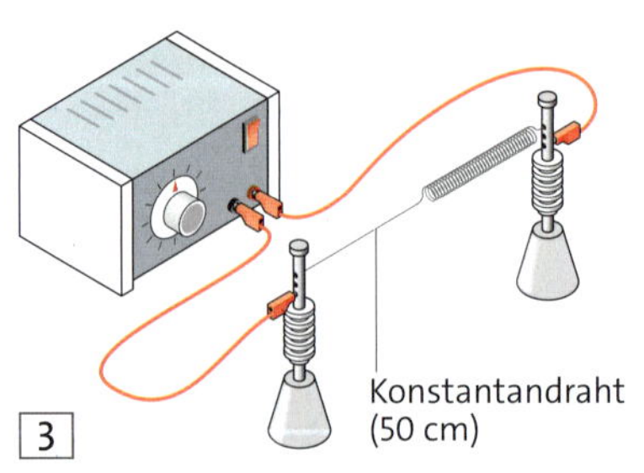

3

Material C

Bewegung durch elektrische Energie

Materialliste: Elektromotor (6 V), Flachbatterien, Umschalter, Kabel

1 ◩ Nenne Haushaltsgeräte mit Elektromotoren, bei denen man verschiedene Geschwindigkeiten einstellen kann.

2 ◪ Experimentiere mit dem Elektromotor und den beiden Batterien. → 4 Verändere:
a die Geschwindigkeit des Motors
b die Drehrichtung des Motors

3 ◪ Baue das Modell eines Bohrers mit zwei Geschwindigkeitsstufen. Verwende den Umschalter, den Motor und zwei Batterien.

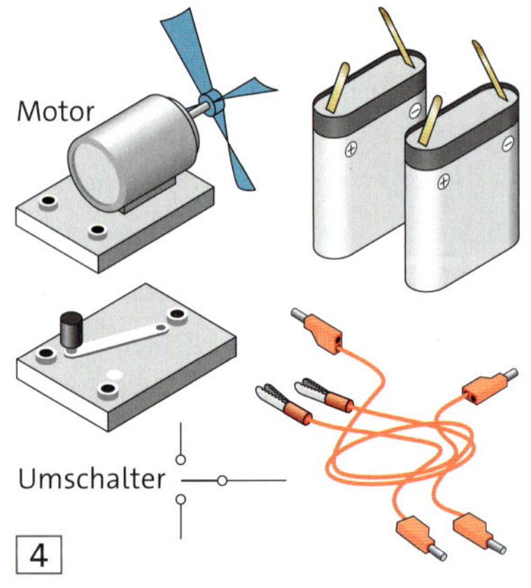

4

Methode →

Elektrische Versuche mit dem Netzgerät

Wie du Versuche mit dem Netzgerät sicher aufbaust und durchführst, zeigen wir dir an einem Beispiel: Zwei Glühlampen sollen in Reihe an ein Netzgerät angeschlossen werden und hell leuchten. → 5

1. Stelle das Netzgerät auf Das Netzgerät ist zunächst ausgeschaltet und wird noch nicht an die Steckdose angeschlossen. Stelle den Drehschalter für die Spannung auf „0 V“. → 6

2. Prüfe die Bauteile Verwende keine wackligen Bauteile. Glühlampen müssen stabil auf ihrem Sockel sitzen und fest in die Fassungen eingedreht sein. Die Experimentierkabel dürfen nicht geknickt sein und die Stecker müssen fest sitzen.

3. Baue die Schaltung auf Lege dir den Schaltplan und die Bauteile bereit. Beginne am Minuspol des Netzgeräts mit dem Aufbau der Schaltung. → 7 Verbinde den Minuspol durch ein Experimentierkabel mit der ersten Glühlampe und diese dann mit der zweiten Glühlampe. Zum Schluss verbindest du die zweite Lampe mit dem Pluspol des Netzgeräts.

4. Vergleiche Schaltung und Schaltplan Fahre mit dem Finger die Kabel und Bauteile entlang und vergleiche den Aufbau mit dem Schaltplan. → 8 Beginne beim Minuspol des Netzgeräts.

5. Freigabe durch die Lehrkraft Nun muss deine Lehrkraft die Schaltung überprüfen. Wenn der Stromkreis richtig aufgebaut ist, darfst du das Netzkabel des Netzgeräts in die Steckdose an deinem Arbeitsplatz einstecken.

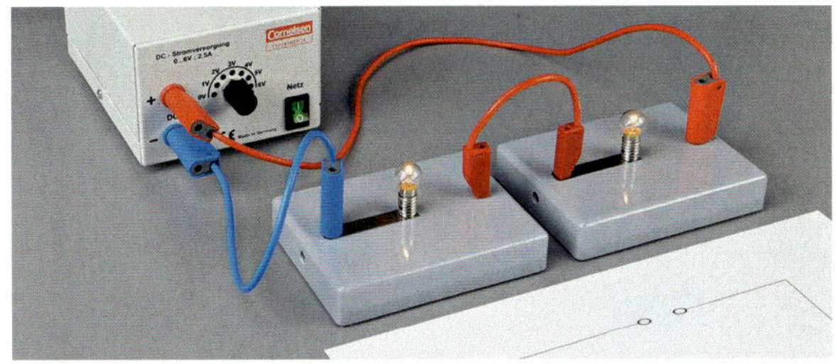

5 So soll die Schaltung funktionieren.

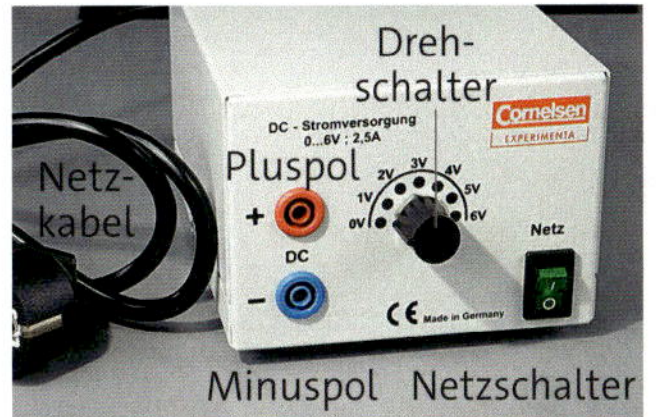

6 Netzgerät („aus“)

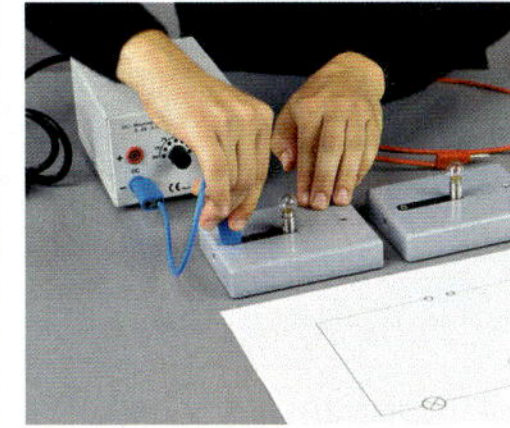

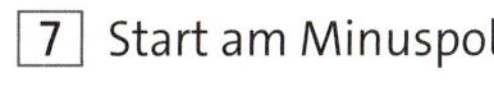

7 Start am Minuspol

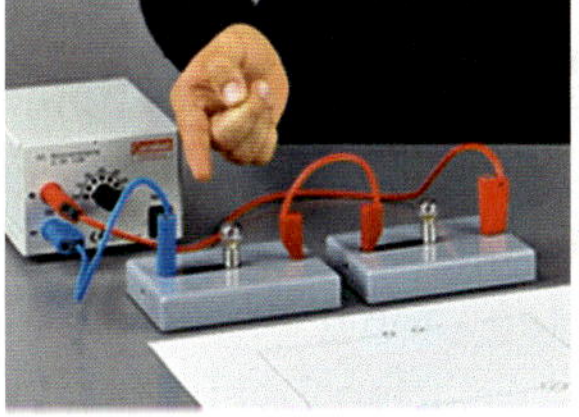

8 Schaltung prüfen

9 Spannung einstellen

6. Einschalten Stelle den Drehschalter auf die vorgegebene Spannung ein. → 9 Schalte das Netzgerät ein. Die Schaltung funktioniert nicht? Dann schalte das Netzgerät sofort wieder aus! Bei der Fehlersuche hilft dir später die Methode „Schaltungen richtig aufbauen und Fehler finden“.

Aufgabe

1 Beschreibe die Schritte, um einen Versuch mit einem Netzgerät sicher aufzubauen.

Wir bauen einen Haartrockner nach

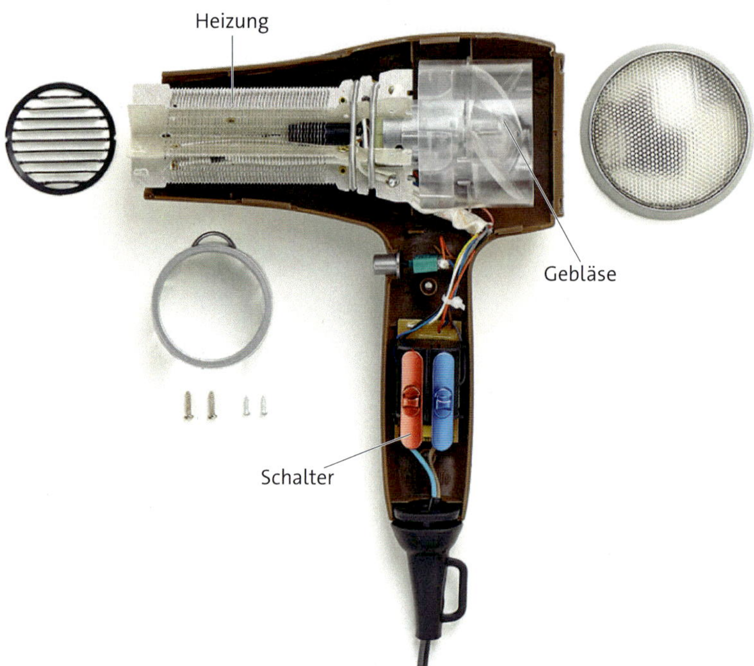

1 Der zerlegte Haartrockner

Viele von euch benutzen einen Haartrockner. Wer hat schon einmal genau untersucht, wie er funktioniert?

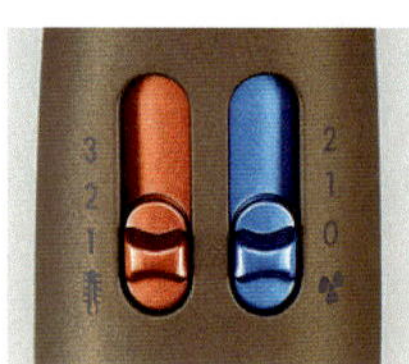

2 Die Schalter

Achtung! • Das Basteln an Elektrogeräten kann lebensgefährlich sein. Darum dürfen Elektrogeräte nur von Fachleuten aufgeschraubt werden. Du darfst Elektrogeräte nur bei ungeöffnetem Gehäuse untersuchen.

Was wird gemacht?		Was passiert?	
Schalter Gebläse (blau)	**Schalter Heizung (rot)**	**Gebläse (Motor)**	**Heizung (Glühlampe)**
aus	aus	aus	aus
aus	ein	aus	aus
ein	aus	ein	aus
ein	ein	ein	ein

3 Die Funktionstabelle für den Haartrockner

Untersuchen und Nachbauen • Du kannst die Funktionen eines Geräts genau untersuchen und sie dann nachbauen – auch ohne das Gerät zu öffnen. Beim Haartrockner können folgende Funktionen festgestellt werden:

- Wenn der blaue Schalter betätigt wird, bläst der Haartrockner kalte Luft. → 2
- Wenn zusätzlich der rote Schalter betätigt wird, strömt warme Luft aus dem Gerät.
- Wenn die zweite Stufe am blauen Schalter gewählt wird, bläst die Luft stärker heraus.

Funktionstabelle • Die Funktionen eines untersuchten Geräts kann man in einer Tabelle übersichtlich darstellen. Sie dient dann als Testtabelle für die Modellschaltung. → 3
Um eine Modellschaltung zu bauen, die so funktioniert wie das untersuchte Gerät, müssen die Bauteile bestimmt werden: Der Motor entspricht dem Ventilator, die Glühlampe entspricht der Heizspirale, die Schalter ...

Aufgaben

1 Nenne wichtige Bauteile, die zum Nachbau des Haartrockners benötigt werden.

2 Beschreibe, wozu eine Funktionstabelle beim Nachbau nützlich ist.

3 Nenne Unterschiede zwischen einer Modellschaltung und dem echten Gerät.

Material A

Luft blasen

Materialliste: Batterie (4,5 V) oder Netzteil (6 V), Motor (6 V), Propeller, Schalter, Kabel

1 Baue die erste Funktion des Haartrockners mit einem Schalter nach.

a Teste deine Schaltung. Beschreibe deine Beobachtungen.

b Zeichne einen Schaltplan.

Material B

Luft erwärmen

Materialliste: 50 cm Konstantandraht (0,2 mm dick), Netzgerät (6 V), Abgreifklemmen, mehrere Kabel, feuerfeste Unterlage

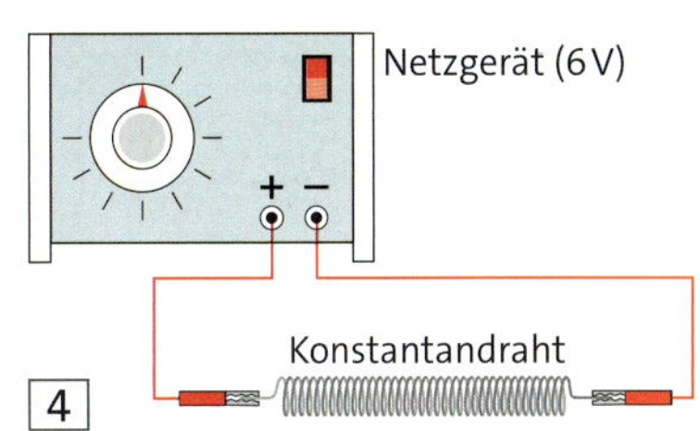

4

1 Wickle den Draht eng um eine Stricknadel. Ziehe dann die Nadel heraus: Fertig ist die Heizspirale. Schließe sie mit den Klemmen an das Netzgerät an. → 4 Schalte es ein. Fühle vorsichtig, ob der Draht warm wird.

Achtung! • Heißen Draht nicht berühren!

Material C

Warme oder kalte Luft

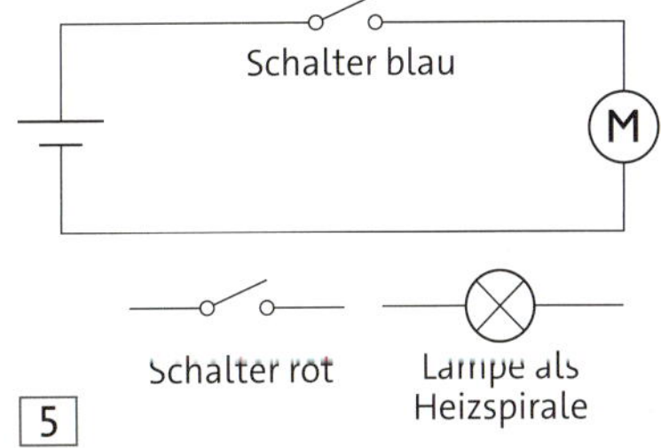

5

In der Modellschaltung nutzen wir als Heizspirale eine Lampe. In jeder Glühlampe ist eine Spirale, die neben Licht viel thermische Energie erzeugt.

Materialliste: Batterie (4,5 V), 2 Schalter, Motor (6 V), Glühlampe (6 V; 0,3 A), Kabel

1 Baue die Schaltung nach dem Schaltplan auf. → 5

a Ergänze die Schaltung so, dass die Lampe nur heizt, wenn der Motor läuft und der zweite Schalter (rot) geschlossen ist.

b Teste die Schaltung. Nutze die Funktionstabelle. → 3

Material D

Viel oder wenig Luft

Materialliste: Motor (6 V), 2 Batterien (4,5 V), Umschalter

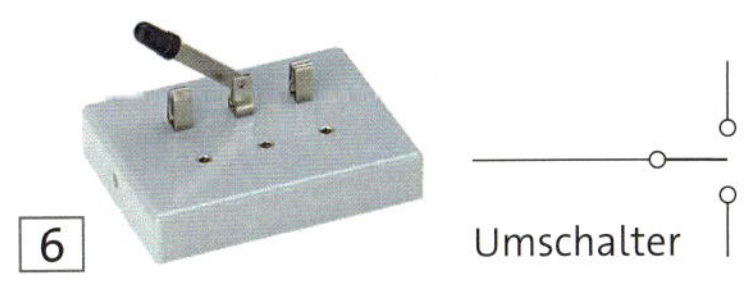

6

1 Am Haartrockner kannst du mit einem Stufenschalter regeln, ob viel oder wenig Luft ausströmt.

a Probiere, den Motor mit einer oder zwei Batterien langsam oder schnell laufen zu lassen.

b Zeichne einen Schaltplan für die „schnelle" Schaltung.

c Baue eine Schaltung mit dem Umschalter. → 6 Er schaltet eine oder zwei Batterien an den Motor und ermöglicht damit zwei Motorgeschwindigkeiten.

Sicherer Umgang mit elektrischer Energie

1 **Achtung:** Lebensgefahr!

Lebenswichtige Regel: In eine Steckdose gehören nur gut isolierte Stecker.

Gefahr durch elektrische Energie • Die Voltzahl auf der elektrischen Energiequelle gibt die Spannung an. Je höher sie ist, desto größer ist die Gefahr. AA-Batterien liefern elektrische Energie mit 1,5 Volt (1,5 V). → 2 Steckdosen liefern 230 V. Das ist lebensgefährlich! Du weißt, dass unser Körper elektrisch leitfähig ist. Der Strom einer Steckdose kann im Körper Krämpfe und Verbrennungen verursachen. Das kann zum Herzstillstand und zum Tod führen!

2 AA-Batterien (Mignonzellen)

Achtung! • Spannungen über 25 V können lebensgefährlich sein.

Gefahr durch Berührung • Schon bei der Berührung eines defekten Kabels oder Elektrogeräts kann es zu einem Stromschlag kommen. In diesem Fall wird der menschliche Körper Teil des Stromkreises. Um das zu vermeiden:

- Verwende kein Elektrogerät, wenn es ein beschädigtes Kabel hat.
- Kabel dürfen nicht gequetscht werden, zum Beispiel in Türritzen.
- Fasse Kabel immer am Stecker an, wenn du sie aus der Steckdose ziehst! Sonst könnte die Steckdose aus der Wand gerissen werden. Dann liegen nicht isolierte Drähte frei.

Gefahr durch Wasser • Wasser im Haushalt ist elektrisch leitfähig. Es gilt:

- Nimm Elektrogeräte nicht mit in die Badewanne!
- Reinige Elektrogeräte nicht unter Wasser!

Sonst kann es zu einem tödlichen elektrischen Schlag kommen.

Hochspannung: Lebensgefahr • Hochspannungsleitungen haben bis zu 400 000 V! Lebensgefahr besteht schon, wenn du nur in der Nähe bist: Auch bei einem Abstand von mehreren Metern kann es zu einem tödlichen Blitz kommen! Deshalb gilt:

- Klettere niemals auf Strommasten!
- Lass Drachen nie an Hochspannungsleitungen steigen! → 3

3 Lebensgefahr an Bahnanlagen und Hochspannungsleitungen

Vermeide Elektrounfälle, indem du die Regeln befolgst!

Aufgabe

1 Nenne lebenswichtige Regeln zur Vermeidung von Elektrounfällen.

fiwoyu

Lexikon
Tipps

die **Spannung**
der **Stromschlag**
die **Hochspannung**

Material A

Regeln retten Leben

Beim Umgang mit elektrischer Energie gilt es, lebenswichtige Regeln zu beachten.

1 In den Bildern wird gegen solche Regeln verstoßen. → 4 – 9

a ◩ Gib an, welche Fehler gemacht werden.

b ☒ Begründe, warum die Situationen gefährlich sind oder werden können.

c ☒ Beschreibe, wie du dich stattdessen richtig verhalten würdest.

2 ☒ Entwirf ein Plakat zum Thema „Sicherer Umgang mit elektrischer Energie“.

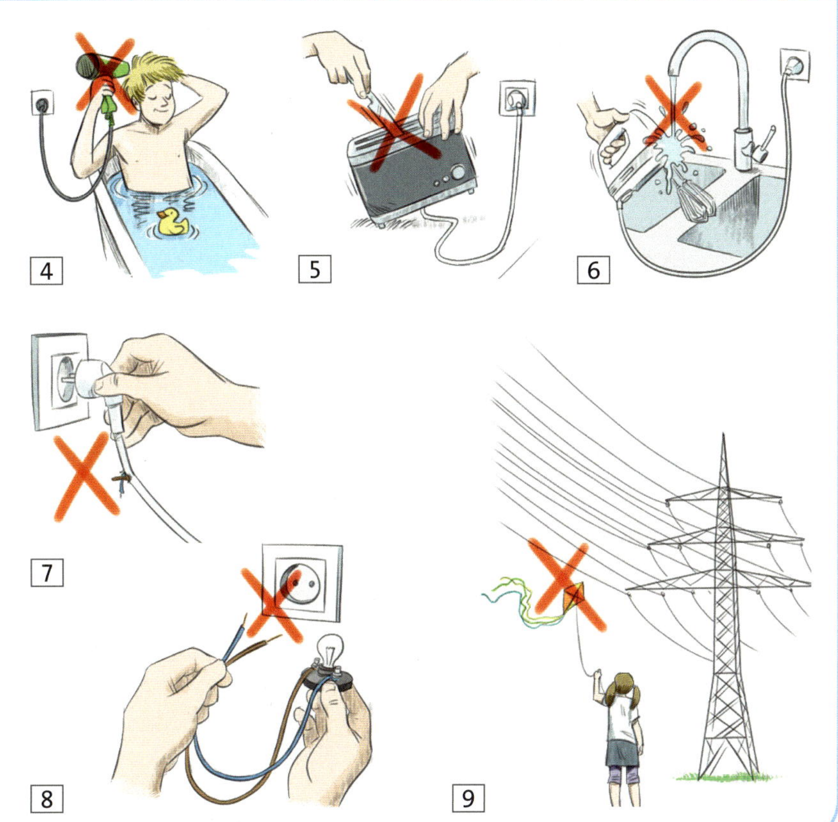

Material B

Tödliches Spiel

Auch ohne Berührung kann elektrische Energie tödlich sein.

1 ☒ Lest die Meldung. → 10 Beschreibt, wie es zu dem Unfall kam.

2 ☒ Plant ein Rollenspiel, in dem Eltern ihre Kinder über die Gefahren von Hochspannungsleitungen informieren.

Junge auf Bahngelände tödlich verunglückt!
Zwei Kinder hatten von einer Brücke Gegenstände auf eine ICE-Oberleitung geworfen. Ein Funkenüberschlag traf den Jungen tödlich. Das Mädchen kam mit schweren Brandverletzungen ins Krankenhaus. Warnschilder hatten sie nicht beachtet.

5:45 PM – Feb 12

♥ 0 | 341 Nutzer sprechen darüber

10 Die Meldung von einem Unglück

Elektrische Geräte im Alltag

Zusammenfassung

Geräte verändern unser Leben • Maschinen und Geräte erleichtern unseren Alltag. Viele dieser Geräte werden mit elektrischer Energie betrieben.

Nicht alles leitet • Alle Metalle sind elektrische Leiter. Salzige und saure Flüssigkeiten leiten den elektrischen Strom. Auch unser Körper leitet. Kunststoffe, Glas und Porzellan sind Nichtleiter (Isolatoren).

Elektrische Stromkreise • Elektrische Geräte wie Lampen oder Motoren funktionieren nur, wenn
- ihre Kontakte mit beiden Polen einer elektrischen Energiequelle verbunden sind.
- der Stromkreis geschlossen ist.

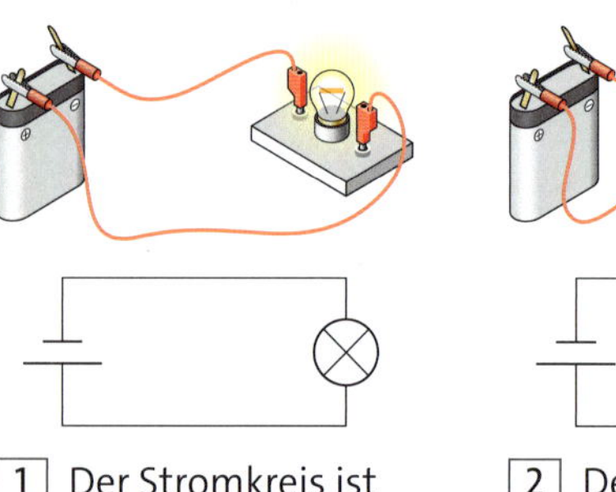

1 Der Stromkreis ist geschlossen.

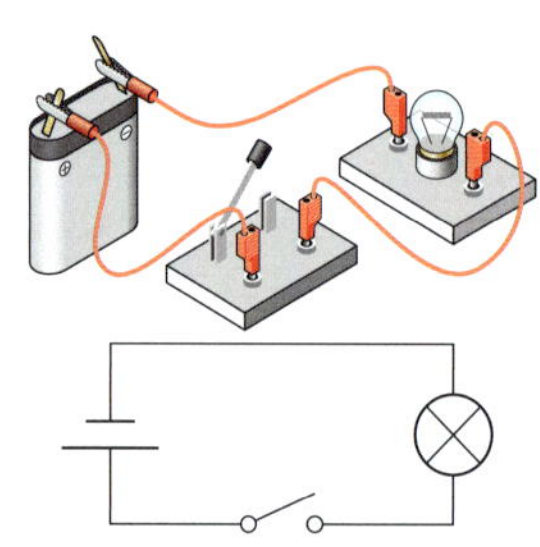

2 Der Stromkreis ist unterbrochen.

UND-Schaltung • Zwei Taster sind in Reihe geschaltet. Der Motor läuft nur, wenn Taster T1 *und* Taster T2 betätigt werden.

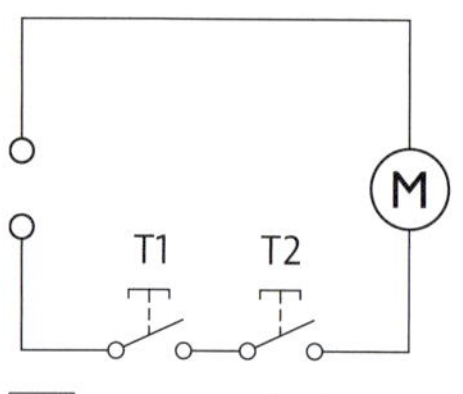

3 UND-Schaltung

ODER-Schaltung • Zwei Taster sind parallel geschaltet. Die Klingel läutet nur, wenn Taster T1 *oder* Taster T2 betätigt wird.

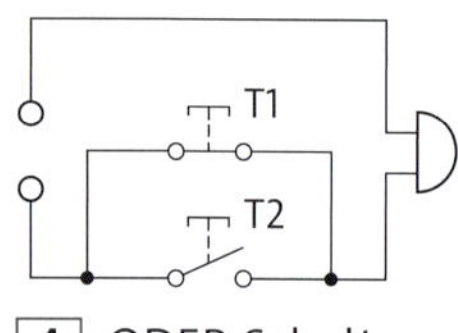

4 ODER-Schaltung

Was elektrische Energie alles kann • Elektrische Energiequellen geben elektrische Energie ab. Elektrogeräte nehmen die elektrische Energie auf und wandeln sie zum Beispiel in thermische Energie, Strahlungsenergie oder Bewegungsenergie um.

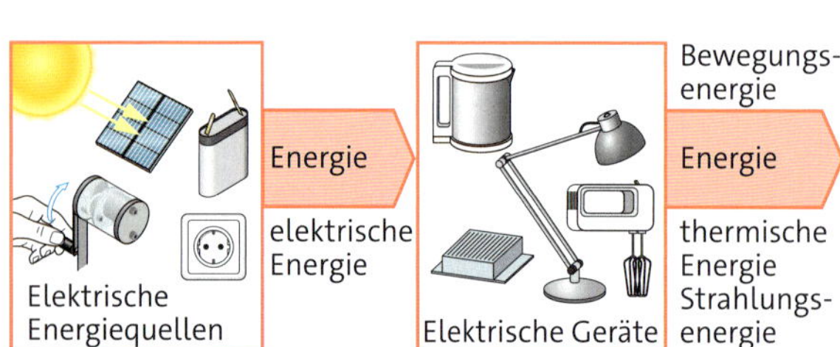

5 Elektrische Energiequellen und Energiewandler

Wir bauen einen Haartrockner nach • Um ein elektrisches Gerät nachzubauen, werden zunächst dessen Funktionen untersucht und in einer Funktionstabelle dargestellt. Dann werden die Bauteile zum Nachbau bestimmt.

Sicherer Umgang mit elektrischer Energie
- Experimentiere nicht mit der Steckdose!
- Fasse keine beschädigten Kabel an!
- Ziehe Kabel am Stecker aus der Steckdose!
- Lass Elektrogeräte nicht nass werden!
- Halte großen Abstand von Strommasten und Hochspannungsleitungen!

Teste dich!

Geräte verändern unser Leben

1 Beschreibe, wie um das Jahr 1900 ohne elektrische Energie ein Zimmer beleuchtet, Wasser gekocht und Wäsche gebügelt wurden.

Elektrische Stromkreise – Wir bauen einen Haartrockner nach

2 Die Glühlampe leuchtet nicht. → 6 Beschreibe, was bei dieser Schaltung falsch gemacht wurde.

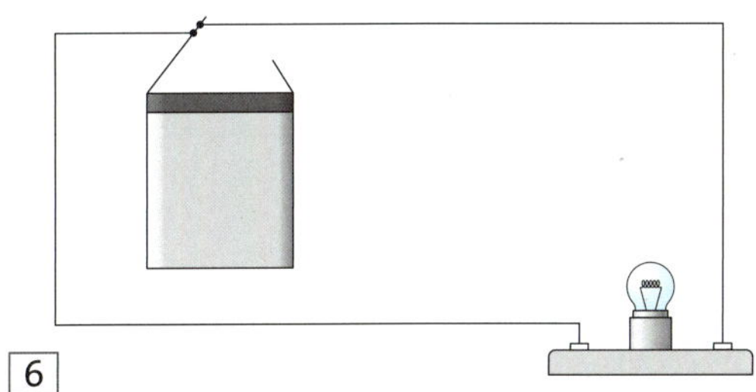

6

3 Du findest einen Teil eines Protokolls mit einer Funktionstabelle. → 7

a Nenne die Schaltungsart.

b Zeichne den dazugehörigen Schaltplan.

c Nenne ein Einsatzgebiet für solch eine Schaltung.

Schalter 1	Schalter 2	Lampe
aus	aus	aus
aus	ein	ein
ein	aus	ein
ein	ein	ein

7 Funktionstabelle

4 Ein Motor läuft nur, wenn zwei Taster gleichzeitig gedrückt werden. Zeichne dazu einen Schaltplan.

5 In einer Kiste liegen mehrere Kupferkabel, Lampen und eine Flachbatterie.

a Du sollst testen, ob die Lampen funktionieren. Beschreibe, wie du vorgehst. Zeichne einen Schaltplan für den Lampentester.

b „Keine der Lampen leuchtet – sind alle kaputt?" Begründe deine Antwort.

Nicht alles leitet

6 Nenne jeweils drei feste Stoffe und Flüssigkeiten, die elektrischen Strom gut leiten.

7 Erkläre, warum Stromkabel aus mehreren Schichten bestehen. Beschreibe die Funktion der einzelnen Schichten.

Was elektrische Energie alles kann

8 Elektrische Geräte sind Energiewandler. Ein Motor wandelt elektrische Energie in Bewegungsenergie um.

a Nenne zwei weitere Beispiele.

b Zeichne zu jedem Beispiel eine Energiekette.

Sicherer Umgang mit elektrischer Energie

9 Nenne die wichtigsten Regeln für den sicheren Umgang mit Elektrizität.

10 Begründe, warum es lebensgefährlich ist, wenn du Teil eines Stromkreises mit der Steckdose wirst.

Elektrizität verstehen

Bei einem Gewittersturm wird die ungeheure Energie der Elektrizität deutlich.

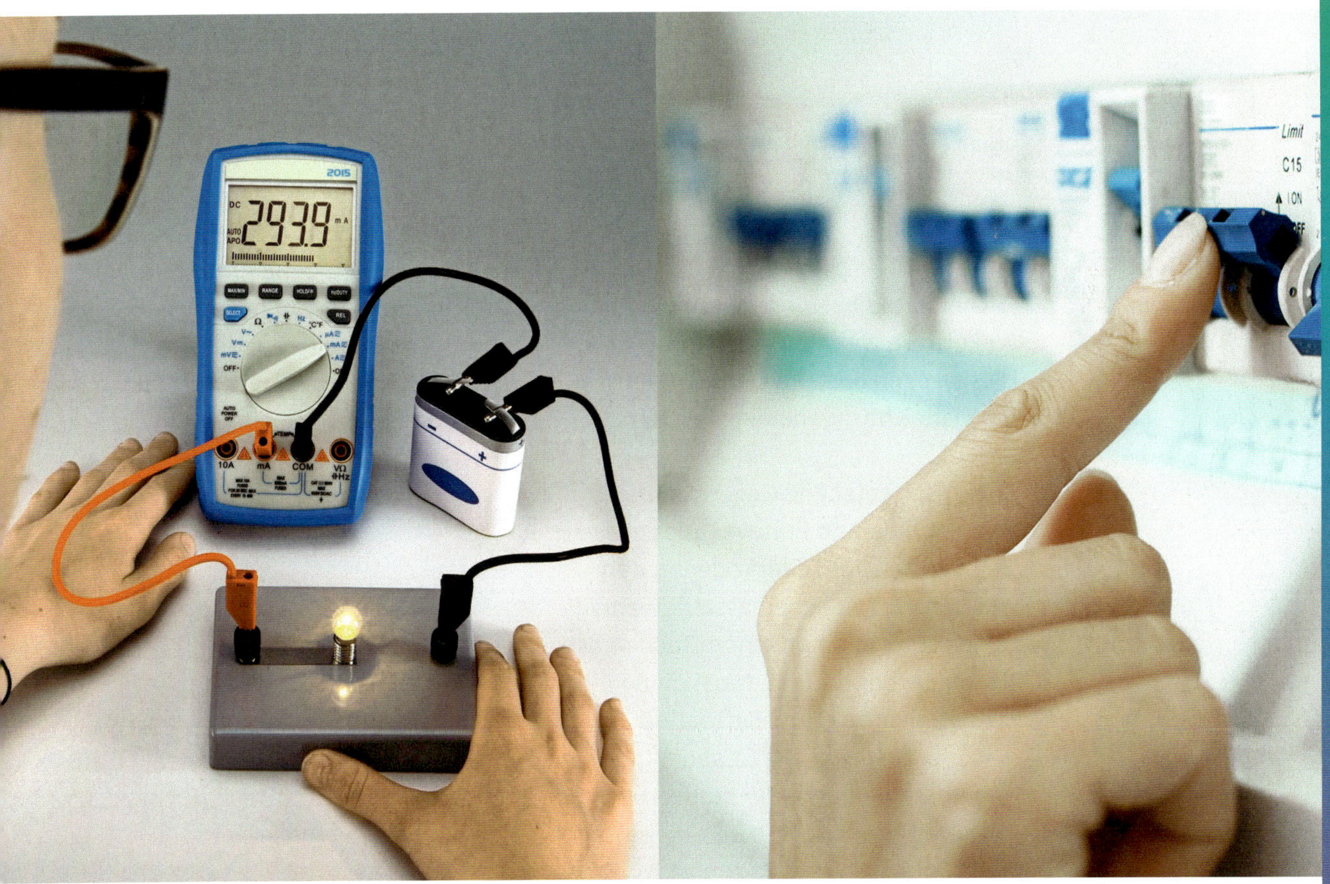

Mit diesem Messgerät kannst du wie ein Profi elektrische Größen messen: Stromstärke, Spannung und Widerstand.

Sicherungen schützen vor Unfällen mit dem elektrischen Strom.

Elektrisch geladen

1 Die Haare „kleben" am Pullover.

Material zur Erarbeitung: A

Sicher hat es bei dir schon manchmal geknistert, wenn du einen Pullover ausgezogen hast. Im Dunkeln siehst du vielleicht sogar kleine Funken.

Elektrisch geladene Gegenstände • Wenn du deinen Pullover ausziehst, reibt er sich am T-Shirt oder an den Haaren. Das Gleiche passiert, wenn du einen Luftballon an einem Tuch reibst: Es knistert und funkt. Nach dem Reiben ziehen sich Tuch und Luftballon an. → 2 Wir sagen: Die Gegenstände sind elektrisch geladen. Wir stellen uns vor, dass nach dem Reiben ein „elektrischer Stoff" auf Tuch und Ballon ist. Wir bezeichnen diesen „Stoff" als elektrische Ladung.

Reibt man einen zweiten Luftballon am Tuch, so stoßen sich danach die beiden Ballons voneinander ab. → 3 Vom Tuch werden die Ballons angezogen. Zur Erklärung nehmen wir an, dass es zwei Arten elektrischer Ladung gibt: negative und positive Ladung.

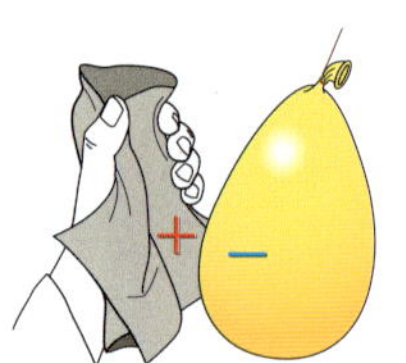

2 Anziehung bei ungleichartiger Ladung

3 Abstoßung bei gleichartiger Ladung

Gegenstände können positiv (+) oder negativ (–) geladen sein. Zwei ungleichartig geladene Gegenstände ziehen einander an. → 2 Zwei gleichartig geladene Gegenstände stoßen sich ab. → 3

Elektronen und Restatome • Du kennst bereits das Teilchenmodell: Wir stellen uns vor, dass alle Gegenstände aus Teilchen aufgebaut sind. Dieses Modell erweitern wir um eine genauere Vorstellung von den Teilchen. Wir bezeichnen sie als Atome. Der Atomkern enthält positiv geladene Protonen. Die Atomhülle wird von negativ geladenen Elektronen gebildet. Jedes Atom hat genauso viele Protonen wie Elektronen, sodass es nach außen hin elektrisch neutral ist. → 4

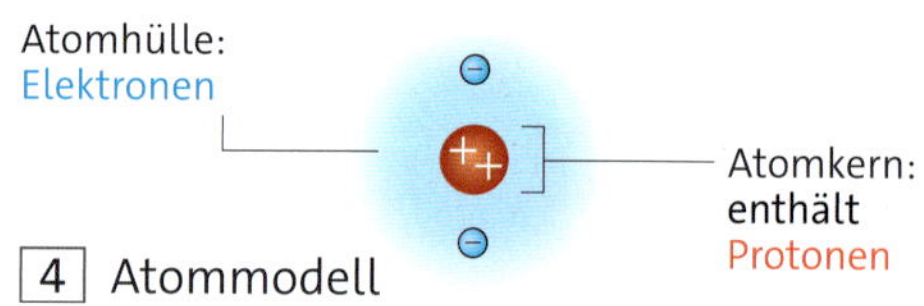

4 Atommodell

Nur die Elektronen können das Atom verlassen. → 5 Dann bleibt ein positiv geladenes Restatom zurück.

5

Wir stellen uns vor, dass Gegenstände aus elektrisch neutralen Atomen bestehen. Wenn negativ geladene Elektronen ein Atom verlassen, dann ist das Restatom positiv geladen.

Lexikon
Tipps

die **Ladung**
das **Atom**
das **Elektron**
das **Restatom**
der **Ladungsausgleich**

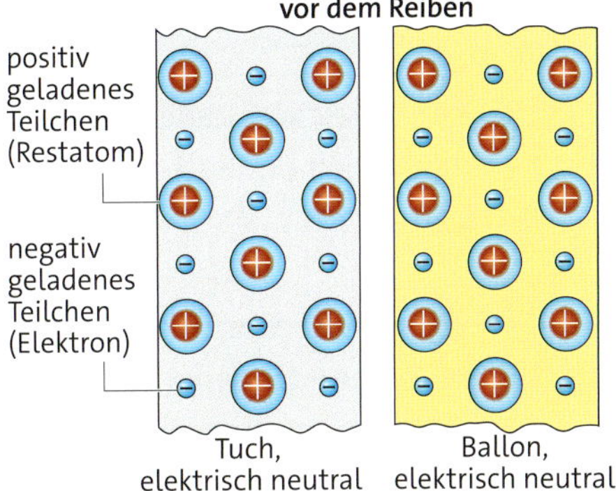

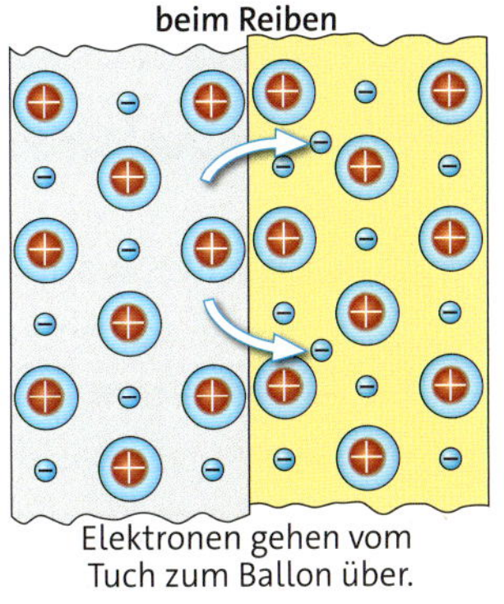

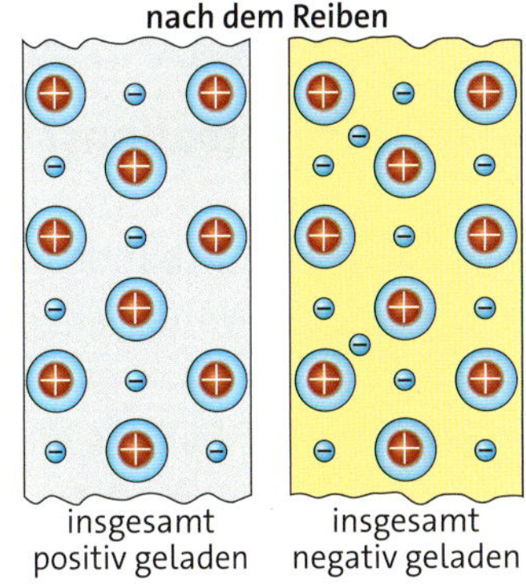

6 Vorstellung vom elektrischen Aufladen eines Tuchs und eines Ballons

Elektrisch laden • Ungeladene Gegenstände sind elektrisch neutral, weil ihre Atome elektrisch neutral sind. Wenn sich zwei Gegenstände beim Reiben berühren, dann können Elektronen vom einen Gegenstand auf den anderen übergehen. In unserem Fall gehen Elektronen vom Tuch auf den Ballon über: → 6

- Das Tuch hat Elektronen abgegeben. Die positiv geladenen Restatome sind in der Überzahl. Daher ist das Tuch nun insgesamt positiv geladen.
- Der Ballon hat negativ geladene Elektronen aufgenommen. Sie sind nun in der Überzahl. Der Ballon ist insgesamt negativ geladen.

Beim Reiben werden keine Restatome und Elektronen erzeugt, sondern Elektronen gehen von einem Gegenstand auf einen anderen über.

Ein ungeladener Gegenstand besteht neben Atomen aus ebenso vielen positiven Restatomen wie negativen Elektronen. Wenn er Elektronen aufnimmt oder abgibt, erhält er eine elektrische Ladung.

Ladungsausgleich • Zwischen ungleichartig geladenen Gegenständen kann es zu einem Ladungsausgleich kommen. Dann fließen Elektronen vom negativ geladenen Gegenstand auf den positiv geladenen. Dabei kann es knistern und funken oder sogar blitzen. → 7
Die elektrische Ladung eines Gegenstands kannst du mit einer Glimmlampe nachweisen. Sie leuchtet beim Ladungsausgleich auf. → 8

Aufgaben

1 ◩ Zwei elektrisch geladene Gegenstände ziehen sich gegenseitig an. Gib an, wie sie geladen sind.

2 ⊠ Erkläre, warum das Tuch nach dem Reiben positiv und der Ballon negativ geladen ist. → 6

3 ⊠ Wenn du deinen Pullover ausziehst, knistert und funkt es. Erkläre diese Beobachtung.

4 ⊠ „Reiben erzeugt elektrische Ladung.“ Nimm Stellung dazu.

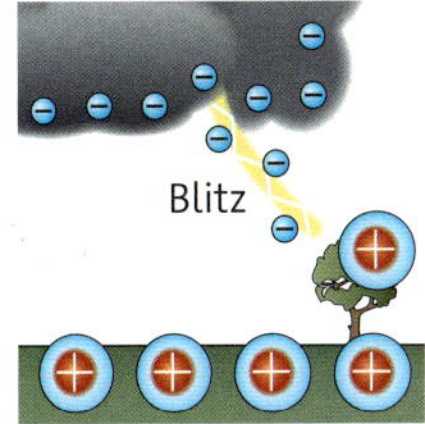

7 Ladungsausgleich zwischen Wolke und Boden

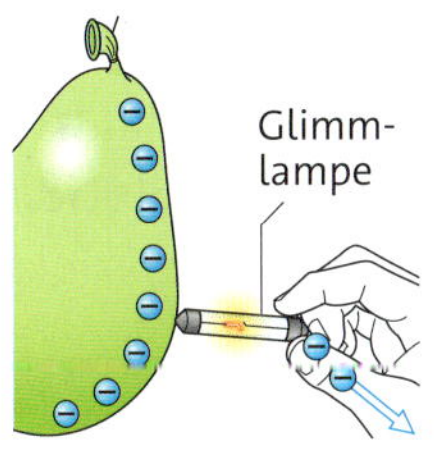

8 Ladungsausgleich zwischen Ballon und Boden

Elektrisch geladen

Material A

Magische Luftballons?

Materialliste: Luftballons, Tuch (Pullover) aus Wolle, Faden

1 Reibe die Luftballons mit dem Tuch (Pullover). Du kannst sie auch aneinanderreiben.

a Beobachte, wann sich die Ballons wie auf einem der Bilder verhalten. → 1 – 3

b Beschreibe, was du tust, damit sie sich so verhalten.

c Stelle zwei Regeln auf, wann sich die Ballons wie verhalten.

2 Nenne Fälle, in denen sich geriebene Gegenstände anziehen oder abstoßen. → 4

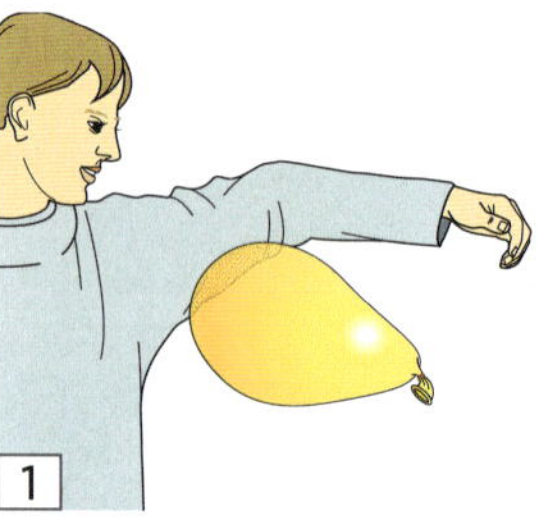
1

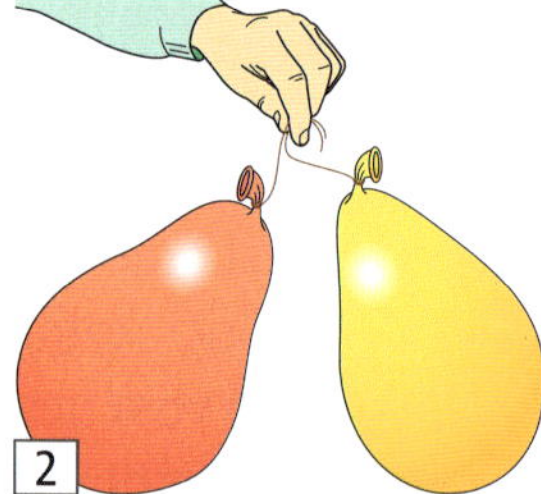
2

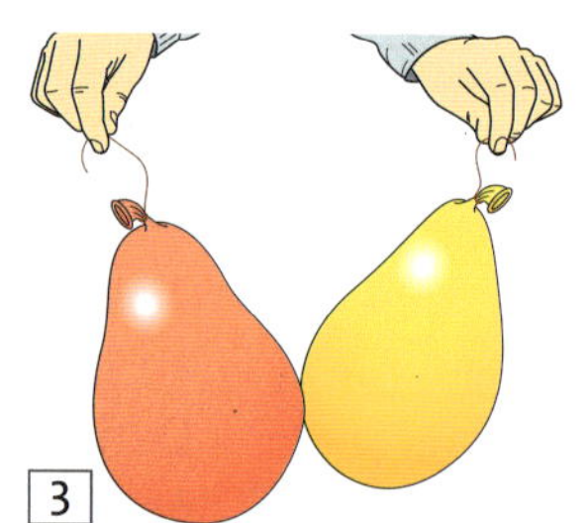
3

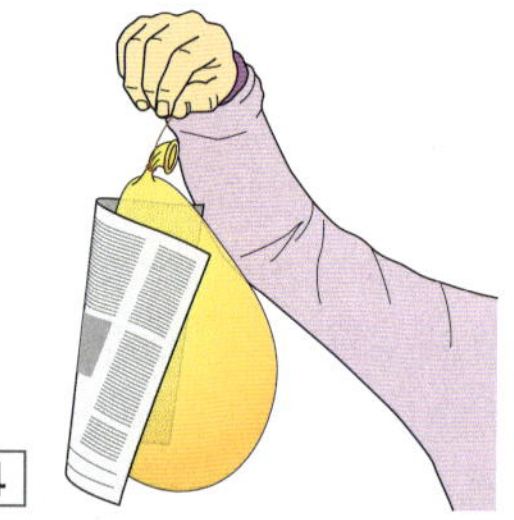
4

Material B

Ziehe Funken!

Materialliste: Luftballon, Wolltuch, Blechboden einer Tortenform, Trinkglas, dunkler Raum

1 Reibe den ganzen Ballon mit dem Tuch. Lege ihn auf den Blechboden. → 5 Du darfst das Metall nicht mit den Fingern berühren. Nähere einen Finger dem Rand des Blechbodens. Beschreibe deine Beobachtung.

5 Funkenbildung

Material C

Ein Ladungsprüfer

Materialliste: Glimmlampe, geriebener Ballon, dunkler Raum

1 Halte die Glimmlampe an einer Anschlusskappe. → 6 Drücke die Lampe mit der anderen Kappe an den geriebenen Ballon. Leuchtet die Elektrode an seiner Seite auf, dann ist er negativ geladen. Leuchtet die andere Elektrode auf, ist er positiv geladen.

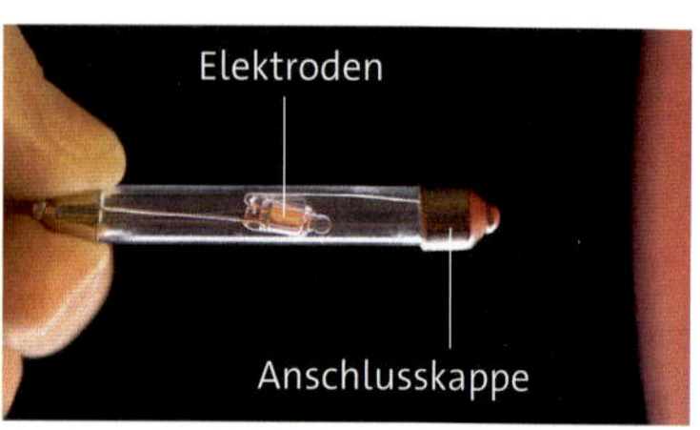

6 Glimmlampe

gizita

Video Tipps

Material D

Das Gewitter

1 Lies den Text. → 7

a Beschreibe den Aufbau einer Gewitterwolke.

b Erkläre, wie die Ladungstrennung in der Gewitterwolke zustande kommt.

c Nenne Verhaltensregeln bei Gewitter.

d Begründe die Verhaltensregeln.

e Bewerte das Verhalten der beiden Personen. → 8

8 Achtung: Hier können Fehler versteckt sein!

Gewitterwolken sind riesig. Die Wolkenunterseite schwebt 1–2 km über dem Erdboden. Die Wolke türmt sich von dort bis in eine Höhe von 10 km auf. Die Temperatur beträgt im unteren Bereich etwa 20 °C. Oben sind es oft weniger als –50 °C.
Durch den großen Temperaturunterschied herrscht in der Wolke ein starker Aufwind. Er reißt Regentropfen und Schneekristalle mit nach oben. Gleichzeitig fallen schwere Hagelkörner nach unten. Dabei streifen sie die aufsteigenden Tropfen und Kristalle. Dadurch wird Ladung ähnlich getrennt wie beim Reiben eines Luftballons.
Am oberen Wolkenrand sammeln sich Eiskristalle, die positiv geladen sind. Im unteren Bereich der Wolke befinden sich negativ geladene Wassertropfen. So entstehen in der Wolke riesige Ladungsunterschiede. Das Gelände unterhalb der Wolke lädt sich positiv auf.
Wenn die Ladungsunterschiede zu groß werden, dann gleichen sie sich plötzlich durch einen Blitz aus. → Blitze sind riesige elektrische Funken. Sie können innerhalb der Wolke verlaufen oder in Richtung Erdboden springen. Auf ihrem Weg erhitzt sich die Luft bis auf 30 000 °C und leuchtet grell auf. Dabei dehnt sich die Luft explosionsartig aus – es donnert.

Gefährlich sind für uns die Blitze, die auf die Erde kommen. Man sollte sich bei Gewitter möglichst nicht im Freien aufhalten. Geschützt ist man in gesicherten Gebäuden und im Auto. Gewitterwolken entladen sich bevorzugt an erhöhten Punkten im Gelände, an hohen Gebäuden oder in Gewässer. Wer keinen Schutz findet, sollte deshalb nicht am höchsten Punkt im Umkreis sein, nicht baden sowie Abstand zu Bäumen und Gebäuden halten.

7 Gefährliche Entladungen

Elektrisches Feld

1 Der elektrisch geladene Ballon zieht die Watte an.

Material zur Erarbeitung: A

Bereits in einiger Entfernung von dem elektrisch geladenen Luftballon werden die Wattefäden angezogen. Wie ist das möglich?

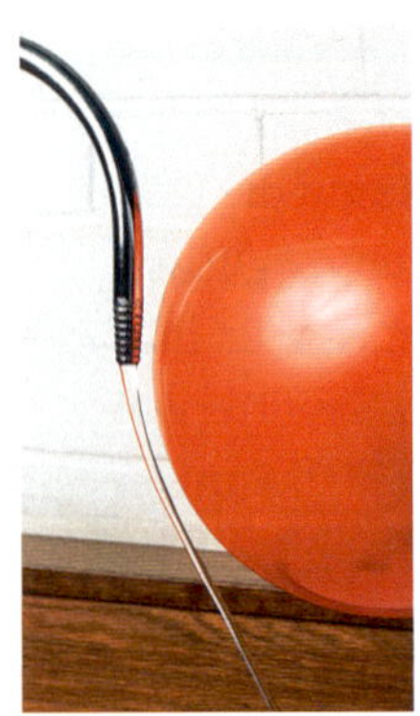

2 3 Wirkungen des elektrisch geladenen Ballons

Elektrisches Feld • In der Umgebung eines elektrisch geladenen Gegenstands können anziehende und abstoßende Wirkungen beobachtet werden:

- Papierschnipsel springen an eine Kunststofffolie, ohne dass sie zuvor berührt wurden.
- Haare stehen zu Berge. → 2 →
- Kerzenrauch wird aus der Ferne von einer geladenen Folie angezogen.
- Ein Wasserstrahl lässt sich mit einem geladenen Ballon ablenken. → 3

Diese Phänomene sind innerhalb des elektrischen Felds des geladenen Gegenstands zu beobachten.

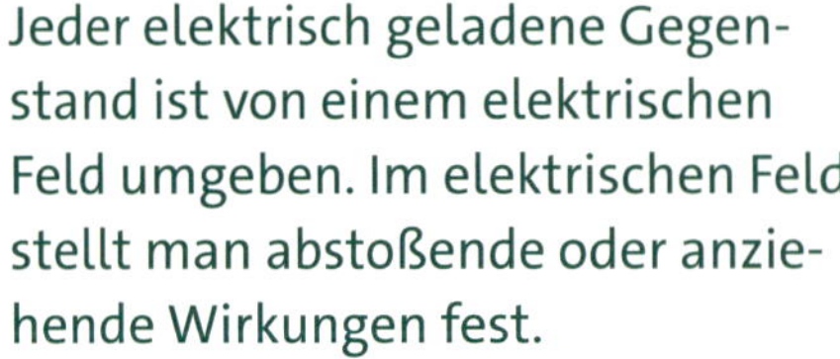

Jeder elektrisch geladene Gegenstand ist von einem elektrischen Feld umgeben. Im elektrischen Feld stellt man abstoßende oder anziehende Wirkungen fest.

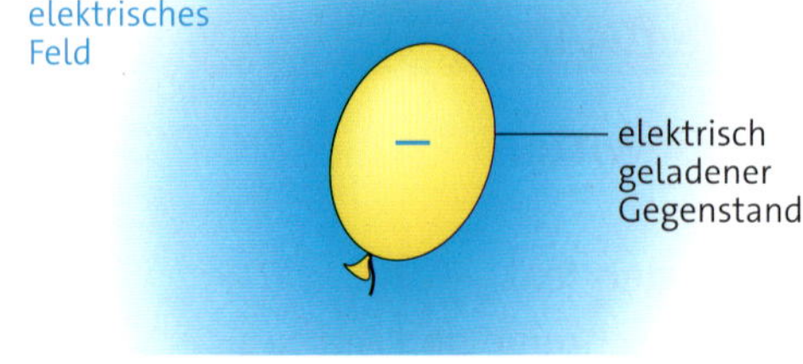

4 Vorstellung vom elektrischen Feld

Form des elektrischen Felds • Das elektrische Feld umgibt den geladenen Ballon wie eine unsichtbare Wolke. → 4 Die abstoßenden und anziehenden Wirkungen nehmen mit größerem Abstand zum geladenen Gegenstand ab. Wenn zum Beispiel ein Ballon durch kräftigeres Reiben stärker aufgeladen wird, dann sind die Wirkungen im elektrischen Feld ebenfalls stärker nachweisbar. Auch die Reichweite des Felds wird größer.

Magnetfeld und elektrisches Feld • Anziehende und abstoßende Wirkungen kennst du bereits von Magneten. Jeder Magnet ist von einem Magnetfeld umgeben. Ein Magnetfeld entsteht durch die magnetisierbaren Stoffe, aus denen Magnete bestehen. Ein elektrisches Feld wird durch die elektrischen Ladungen der Teilchen in den Gegenständen hervorgerufen. Beide Felder zeigen anziehende und abstoßende Wirkungen.

Aufgabe

1 ☒ „Meine Haare stehen zu Berge." Erkläre, was das mit einem elektrischen Feld zu tun haben kann.

Material A →

Untersuche elektrische Felder

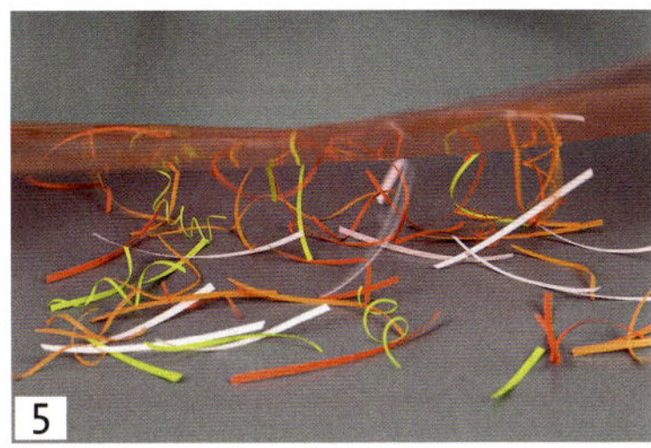
5

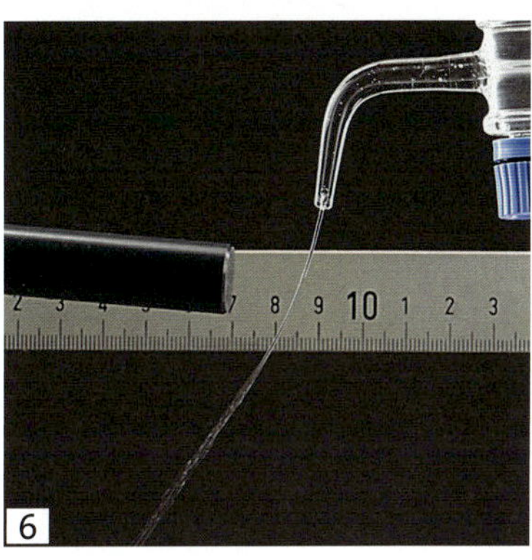

6

Materialliste: Stab und Folie aus Kunststoff, Wollstoff, Papierschnipsel, Becherglas, Wasser, Bürette, Auffangschale, Lineal, Räucherkerze, Feuerzeug

1 Lade die Folie durch kräftiges Reiben mit dem Wollstoff auf. Halte sie dann über die Papierschnipsel. → 5
a Bestimme, wie weit das elektrische Feld der Folie wirkt. Beschreibe, wie du vorgehst.
b Wie stellst du dir das elektrische Feld um die Folie vor? Fertige eine Skizze an.

2 Berühre mit dem Finger eine Stelle auf der Folie, unter der ein Schnipsel klebt.
a Beschreibe genau, was passiert.
b Erkläre die Beobachtung. Tipp: Ladungsausgleich

3 Lade den Kunststoffstab durch kräftiges Reiben mit dem Wollstoff auf.
a Lass einen dünnen Strahl aus dem Wasserhahn in die Auffangschale laufen. Lenke ihn mit dem geladenen Stab ab. → 6
b Bestimme, wie weit das elektrische Feld des Stabs wirkt.

4 Plane einen Versuch, bei dem der Rauch der Räucherkerze abgelenkt wird. Beschreibe dein Vorgehen.

Material B

Taste das Magnetfeld eines Stabmagneten ab

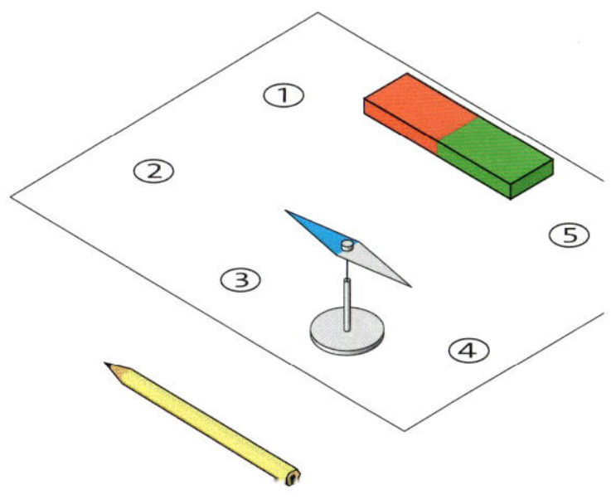

7 „Abtasten" mit der Kompassnadel

Materialliste: flacher Stabmagnet, Kompassnadel, weißes Papier, Bleistift

1 Lege den Stabmagneten auf das Blatt Papier und zeichne seinen Umriss ab. → 7
a Stelle die Kompassnadel ungefähr an den Stellen 1–5 auf das Blatt Papier. Zeichne an jeder Stelle einen Pfeil auf das Papier. Die Pfeilspitze soll in dieselbe Richtung wie der Nordpol der Nadel zeigen.
b Untersuche die Ausrichtung der Kompassnadel in der Nähe der Stellen 1 und 5 noch genauer.
c Beurteile, an welchen Stellen das Magnetfeld am stärksten ist.

2 Bestimme die Reichweite des Magnetfelds um den Stabmagneten herum.

So wird elektrische Energie transportiert

1 Hier wird die Beleuchtung am Fahrrad getestet.

Material zur Erarbeitung: A

Was gehört alles zur Beleuchtung des Fahrrads?

Elektrische Stromkreise • Wenn am Fahrrad das Licht nicht leuchtet, dann überprüft man die Lampe, das Kabel und vielleicht auch den Dynamo. Diese drei Teile bilden zusammen einen elektrischen Stromkreis.

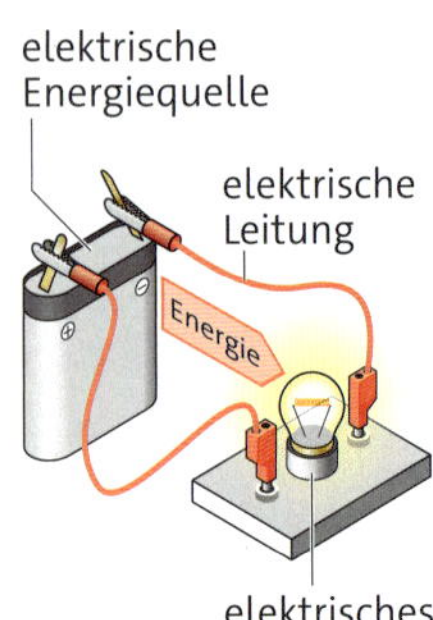

2 Einfacher Stromkreis

Elektrische Stromkreise enthalten drei Teile: → 2
- Die elektrische Energiequelle (Dynamo, Batterie ...) gibt elektrische Energie ab.
- Die elektrischen Leitungen transportieren die elektrische Energie.
- Das elektrische Gerät (Lampe, Elektromotor ...) wandelt die transportierte elektrische Energie in die gewünschte Energieform um.

Energiequellen – Energiewandler • Der Fahrraddynamo gibt nur elektrische Energie ab, wenn sich das Rad dreht. Er wandelt Bewegungsenergie in elektrische Energie um. Auch andere elektrische Energiequellen sind Energiewandler: Batterien wandeln chemische Energie in elektrische um, Solarzellen wandeln Strahlungsenergie um ...

Kreisläufe • Energie wird nicht nur beim elektrischen Stromkreis mithilfe von Kreisläufen transportiert:
- Bei der Heizung strömt Wasser im Kreis. → 3 Im Kessel erhält es thermische Energie, am Heizkörper gibt es wieder Energie ab.
- Beim Radfahren läuft die Kette im Kreis. → 4 Am Antriebskranz erhält sie Bewegungsenergie, am hinteren Kranz gibt sie wieder Energie ab.

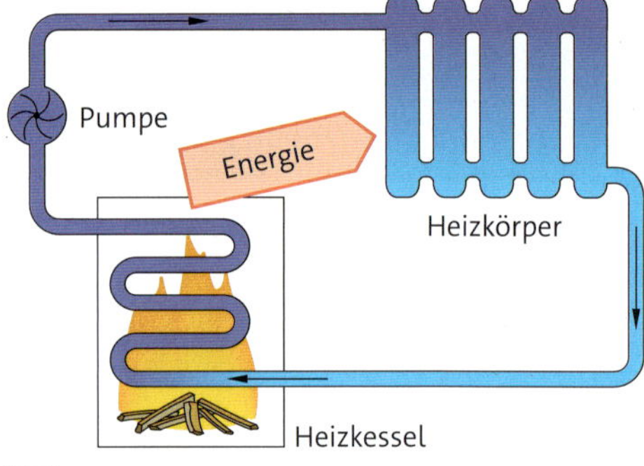

3 Kreislauf „Heizung“

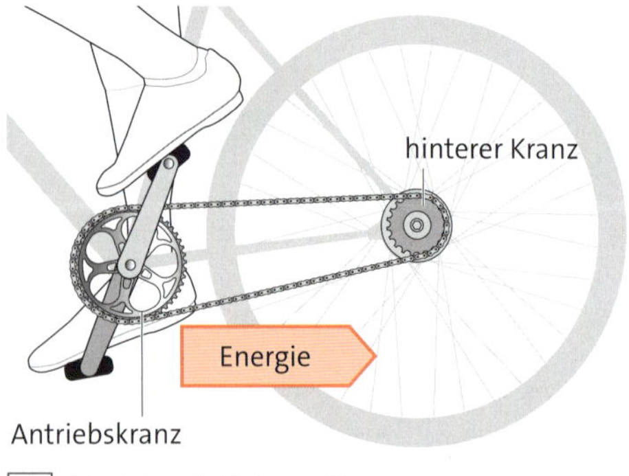

4 Kreislauf „Fahrrad“

die **elektrische Energiequelle**
der **Elektronenstrom**

Energie kann von Kreisläufen transportiert werden. Die Energiequelle treibt das Transportmittel (Wasser, Kette, Riemen ...) an. Das Transportmittel bewegt sich im Kreis und überträgt Energie.

Elektrischer Strom im Draht • Bei elektrischen Stromkreisen kann man das Transportmittel nicht sehen. Wir stellen uns vor, dass in den Drähten sehr viele Elektronen fließen. → 5 Sie sind negativ geladen und im Draht frei beweglich. Die positiv geladenen Restatome bewegen sich nicht.
Die Elektronen transportieren die elektrische Energie. Die elektrische Energiequelle treibt die Elektronen an und verschiebt sie im Kreis – so ähnlich wie der Antriebskranz die Kettenglieder beim Fahrrad antreibt. → 4

In elektrischen Stromkreisen strömen Elektronen im Kreis. → 6 Die elektrische Energiequelle treibt den Elektronenstrom an. Er transportiert Energie von der Quelle zum Gerät.

Metalldraht
negativ geladene bewegliche Elektronen
positiv geladene fest sitzende Restatome

5 Modellvorstellung für den elektrischen Strom im Draht

Aufgaben

1 Die Fahrradbeleuchtung ist ein elektrischer Stromkreis.
a Nenne seine Bestandteile.
b Nenne die beteiligten Energieformen.
c Zeichne die Energiekette.

2 Stromkreise transportieren elektrische Energie.
a Nenne die drei Grundbestandteile eines elektrischen Stromkreises.
b Gib an, was beim Stromkreis im Kreis strömt.
c „Bei elektrischen Anlagen strömt die elektrische Energie immer im Kreis." Nimm Stellung zu dieser Aussage.

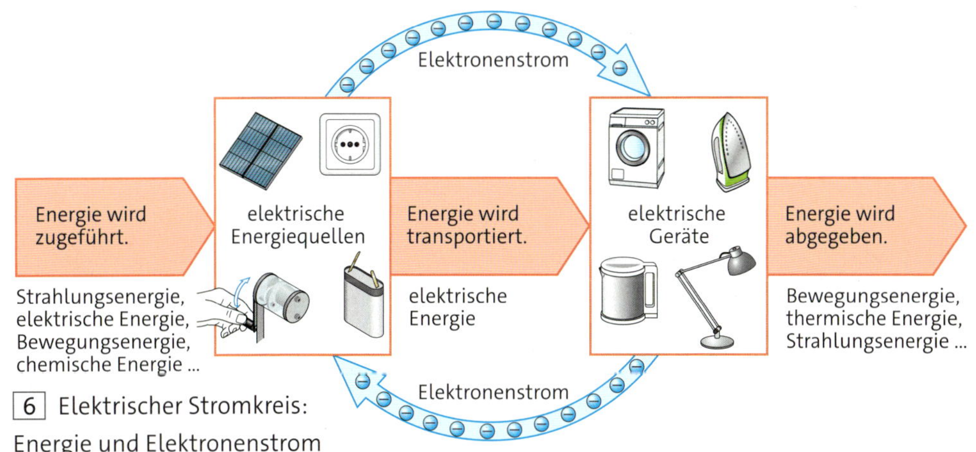

6 Elektrischer Stromkreis: Energie und Elektronenstrom

So wird elektrische Energie transportiert

Material A

Energie transportieren – mit Kreisläufen

Materialliste: 2 Räder, Riemen, Gewichte (1 kg, 5 kg), Faden, 2 Handgeneratoren (z. B. Dyna-Mot), 2 Kabel, Stativmaterial

1 Am linken Rad wird Energie zugeführt. → 1 Der Riemen transportiert sie zum rechten Rad. Dort wird die Energie zum Heben eines Gewichts genutzt.
Hebe die Gewichte mit dem Riemenkreislauf an. Vergleiche, was du spürst.

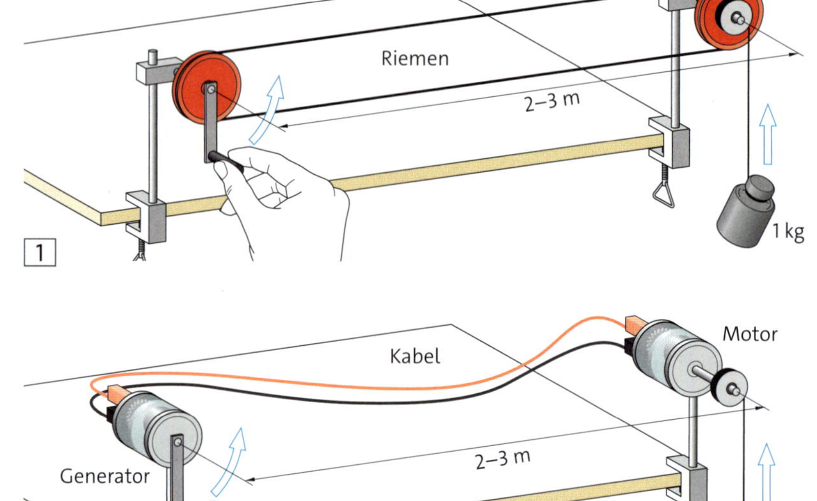

2 Tausche die Räder gegen Generatoren aus und den Riemen gegen Kabel. → 2

a Hebe die Gewichte mit dem elektrischen Kreislauf hoch. Vergleiche wieder.

b Beschreibe Gemeinsamkeiten und Unterschiede der beiden Anlagen.

Material B

Kreislauf „Heizung“

1 Sieh die Heizungsanlage auf der vorigen Doppelseite an.

a Nenne die thermische Energiequelle, die Leitungen und das „thermische Gerät“.

b Zeichne die Energiekette.

c Vergleiche die Bauteile der Anlage und einer Fahrradbeleuchtung. Vergleiche auch die Energieformen (Zufuhr, Übertragung, Abgabe).

Material C

Eine Solaranlage

1 Zeichne die Energiekette der Solaranlage. → 3 Gib jeweils an, in welcher Form die Energie zugeführt, transportiert und genutzt wird.

2 Zeichne den Schaltplan der Solaranlage. Verwende für das Solarmodul das Schaltzeichen einer Solarzelle. → 4

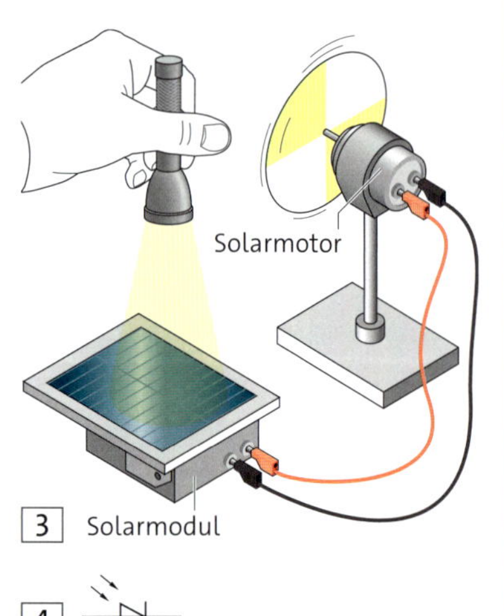

Material D

Licht durch Kurbeln

Materialliste: Handgenerator (z. B. DynaMot), 2 Lampen (4 V; 1,0 A), Lampe (6 V; 5 A, z. B. aus einer Experimentierleuchte), 2 Fassungen E10, Fassung E15, Kabel

Elektrische Energie gibt es nicht umsonst. Das spürst du beim Kurbeln mit dem Handgenerator. → 5

1 Bringe erst eine 4-V-Lampe hell zum Leuchten, danach die 6-V-Lampe. → 5 Beschreibe den Unterschied, den du beim Kurbeln spürst.

2 Schließe die 4-V-Lampen wie in einer UND-Schaltung an den Generator an und bringe sie hell zum Leuchten. Beschreibe, wie sich das Kurbeln gegenüber einer Lampe verändert.

3 Schließe die 4-V-Lampen wie in einer ODER-Schaltung an. Bringe sie wieder hell zum Leuchten. Beschreibe, wie sich das Kurbeln gegenüber einer Lampe verändert.

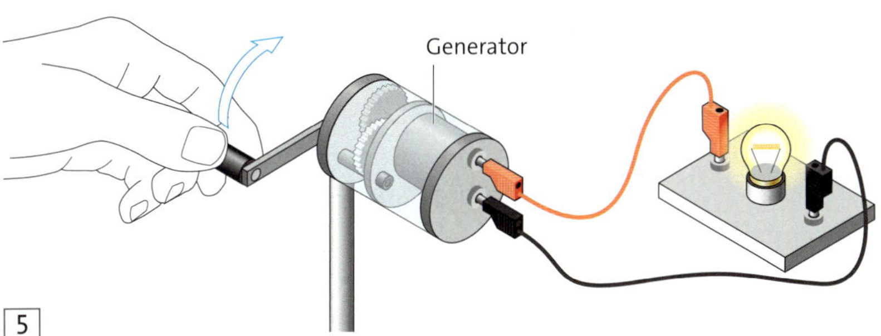

5

Material E

Erwärmen durch Kurbeln

Materialliste: Handgenerator, Chromnickeldraht (20 cm lang, 0,4 mm dick), Kugelschreibermine, Abgreifklemmen, Kabel, Becherglas, 50 ml Wasser, Thermometer, Stoppuhr

1 Wickle den Draht immer wieder um die Mine des Kugelschreibers, sodass eine Wendel entsteht. Benutze sie als Heizspirale. → 6

a Miss die Wassertemperatur nach dem Eingießen. Notiere den Wert.

b Kurble 5 Minuten lang am Handgenerator. Miss, um wie viel Grad Celsius die Wassertemperatur steigt.

2 Wie lange müsstest du kurbeln, bis das Wasser siedet?

a Schätze die benötigte Zeit und berechne sie dann.

b Wie viele Menschen müssten kurbeln, um in der gleichen Zeit 1 Liter Wasser zum Kochen zu bringen? Berechne es.

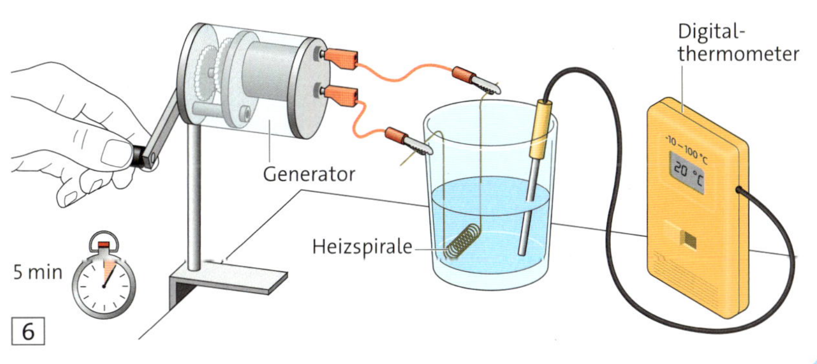

6

Elektrische Stromstärke

1 Ein Flaschenstrom

Materialien zur Erarbeitung: A–B

Der Arbeiter überprüft die Flaschen. Wie viele sind es pro Minute?

„Stromstärke" • Je schneller das Fließband läuft und je mehr Flaschen nebeneinander stehen, desto mehr Flaschen fahren pro Minute am Arbeiter vorbei. → 1 Die „Stromstärke" ist dann besonders groß.

Elektrische Stromstärke • Im elektrischen Stromkreis ist es ähnlich wie am Fließband. Wir stellen uns vor, dass in den Drähten sehr viele negativ geladene Elektronen im Kreis strömen – von der elektrischen Energiequelle zum Gerät und zurück. → 2 Je mehr Elektronen und somit negative Ladung pro Sekunde an einer bestimmten Stelle des Stromkreises vorbeiströmen, desto größer ist die Stromstärke.

Die elektrische Stromstärke I gibt an, wie viele negativ geladene Elektronen pro Sekunde an einer Stelle des Stromkreises vorbeiströmen. Die elektrische Stromstärke wird in Ampere (sprich: ampeer) gemessen. Die Einheit ist 1 Ampere (1 A).

Kleine Stromstärken gibt man oft in Milliampere (mA) an: 1 A = 1000 mA; Beispiel: I = 0,020 A = 20 mA.

Stromstärke – davor und danach • Wenn du die Stromstärke vor und nach einem Gerät misst, dann kommst du zu einem überraschenden Ergebnis. → 3

Im einfachen Stromkreis ist die Stromstärke überall gleich groß.

Wir stellen uns vor, dass sich die Elektronen im Stromkreis wie die Glieder einer Fahrradkette bewegen. Dabei gehen keine Elektronen verloren.

Stromstärke und elektrische Energie • Der Scheinwerfer leuchtet heller als das Rücklicht – obwohl beide vom selben Dynamo betrieben werden. → 4 Das liegt an der größeren Stromstärke im Stromkreis des Scheinwerfers. → 5

Bei gleicher elektrischer Energiequelle gilt: Je größer die Stromstärke ist, desto mehr elektrische Energie wird pro Sekunde zum elektrischen Gerät transportiert.

2 Die Stromstärke

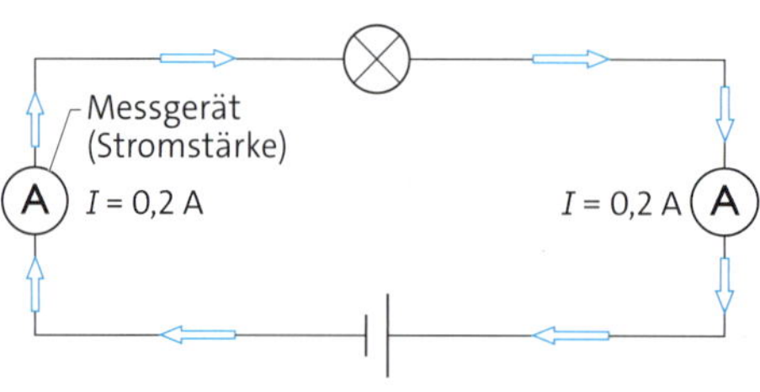

3 Die Stromstärke ist überall gleich groß.

cubisu

Simulation
Lexikon
Tipps

die **Stromstärke**
das **Ampere (A)**
die **Spannung**
der **Widerstand**

Wenn wir im Alltag von elektrischem Strom sprechen, können damit verschiedene Dinge gemeint sein:

- „Ich habe einen Strom von 2 A gemessen." Hier geht es um den Elektronenstrom und die Stromstärke.
- „Wir haben 3000 kWh Strom verbraucht." Hier geht es um die genutzte elektrische Energie.

Größen im Stromkreis • Die Stromstärke kennst du jetzt. Die Spannung und der Widerstand kommen bald dazu. Sie sind ebenfalls wichtig, um Stromkreise zu beschreiben: → 6

- Die elektrische Energiequelle treibt den Elektronenstrom an. Die Spannung gibt an, wie kräftig die Quelle den Elektronenstrom antreibt.
- Das elektrische Gerät bremst den Elektronenstrom. Der Widerstand gibt an, wie kräftig das Gerät den Elektronenstrom bremst.

4 Der Scheinwerfer und das Rücklicht

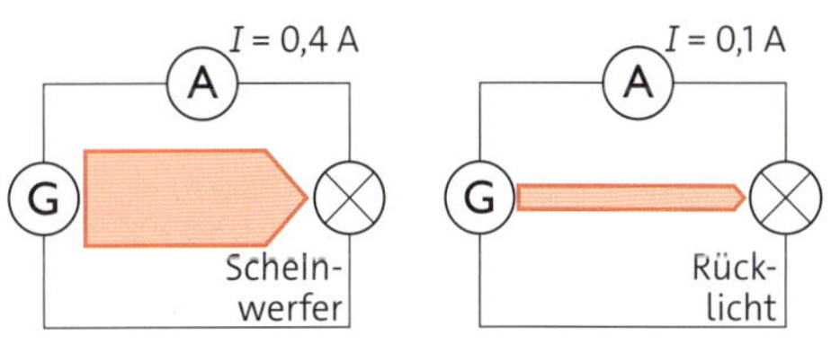

5 Größere Stromstärke → mehr Energie

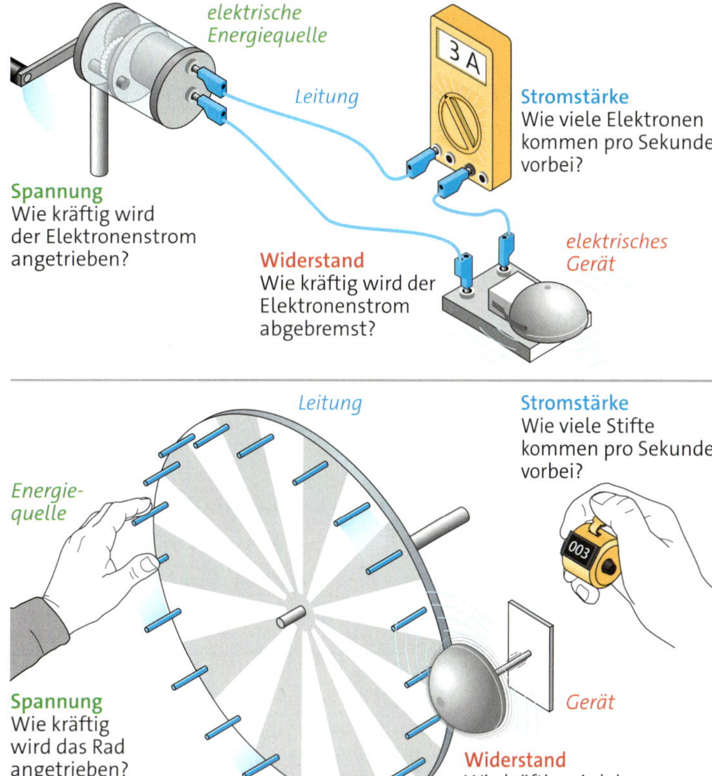

6 Die elektrischen Größen im Stromkreis und im Modell

Aufgaben

1 ☐ Auf der Landstraße fahren 10 Autos pro Minute, auf der Autobahn 30. Vergleiche die Stromstärken.

2 ☒ Gib die größere Stromstärke an: I = 0,4 A oder I = 300 mA. Begründe.

3 ☒ Elektrische Energie oder Elektronenstrom? Gib jeweils deine Entscheidung an und begründe:

a Der Stromkreis ist geschlossen.
b Eine Lampe verbraucht viel Strom.
c Lena misst einen Strom von 3 A.
d Unsere Stromrechnung ist zu hoch.

Elektrische Stromstärke

Material A

Verschiedene Lampen – verschiedene Stromstärke?

Materialliste: 2 verschiedene Glühlampen (z. B. 6 V; 0,1 A und 6 V; 0,3 A), Netzgerät (6 V), Messgerät (Stromstärke)

1 Baue einen einfachen Stromkreis mit dem Netzgerät und einer Glühlampe auf.
Miss die Stromstärke (siehe Methode „Elektrische Stromstärke messen"). → 4
Notiere den Messwert.

2 Miss und notiere die Stromstärke bei der anderen Lampe.

3 Ergänze: Je ◇ die Stromstärke ist, desto ◇ ist die Helligkeit der Lampe.

Material B →

Ist der Elektronenstrom nach der Lampe kleiner?

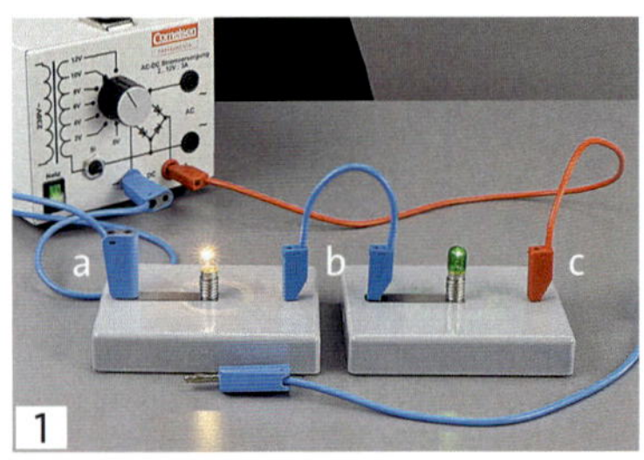

1

Materialliste: Lampe (6 V; 0,3 A), Lampe (4 V; 0,3 A), Netzgerät (10 V), Messgerät (Stromstärke)

1 Baue den Stromkreis mit den Lampen in einer Reihenschaltung auf. → 1

a Miss die Stromstärke am Minuspol des Netzgeräts (a). Notiere deinen Messwert.

b Miss nun die Stromstärke zwischen den Lämpchen (b) und am Pluspol (c). Notiere alle Messwerte.

2 Vergleiche die Messwerte. Formuliere das Versuchsergebnis: „Die Stromstärke ist im einfachen Stromkreis überall ◇."

Material C

Das Stromstärkespiel

Materialliste: Tennisbälle, Stoppuhr oder Handy

1 Bildet einen Kreis. → 2 Ihr stellt die unbeweglichen, positiven Teilchen im Stromkreis dar. Jeder hat einen Tennisball als bewegliches, negatives Elektron. Eine Person schiebt als „Batterie" die Elektronen an: Sie gibt ihren Ball an einen Nachbarn weiter. Auch alle anderen geben ihren Ball in die gleiche Richtung weiter. Eine zweite Person macht immer „Klick", wenn ein Elektron vorbeikommt. Eine dritte Person misst die Stromstärke.
Stellt große und kleine Ströme dar.

2

xosoho

Versuchsvideo
Methodenvideo
Lexikon
Tipps

Methode →

Elektrische Stromstärke messen

1. Baue den Stromkreis ohne Messgerät auf Teste, ob die Schaltung (ohne das Messgerät) funktioniert. Schalte dann den Strom wieder aus.

2. Schließe das Messgerät an Unterbrich den Stromkreis an der Stelle, wo die Stromstärke gemessen werden soll. Das Messgerät wird in diese Lücke eingebaut, sodass alle Elektronen durch das Gerät hindurchfließen können. Das Messgerät bleibt zuerst ausgeschaltet. → 3 Die schwarze COM-Buchse des Messgeräts schließt du mit einem schwarzen Kabel so an den Stromkreis an, dass sie mit dem Minuspol der elektrischen Energiequelle verbunden ist. → 4 Die 10-A-Buchse des Messgeräts schließt du mit einem roten Kabel so an den Stromkreis an, dass sie mit dem Pluspol der elektrischen Energiequelle verbunden ist. → 4

3. Stelle das Messgerät ein Für die Stromstärkemessung bei Gleichstrom (z. B. von einer Batterie) wird der Bereich mit A⎓ oder DC genutzt. → 3 Der Bereich für Wechselstrom (z. B. von einem Dynamo) ist durch A~ oder AC gekennzeichnet. Drehe den Schalter zunächst auf den größten Messbereich (z. B. 10 A). Schalte nun den Strom im Stromkreis ein und lies die Stromstärke ab.

4. Passe den Messbereich an Ist der Messwert kleiner ist als die höchste Amperezahl des nächstkleineren Messbereichs (bei uns 200 mA)? Dann schalte den Strom wieder aus. Wähle den nächstkleineren Messbereich und stecke das rote Kabel in die mA-Buchse des Messgeräts. Schalte den Strom wieder ein und lies den Messwert ab. Passe bei Bedarf den Messbereich noch weiter an.

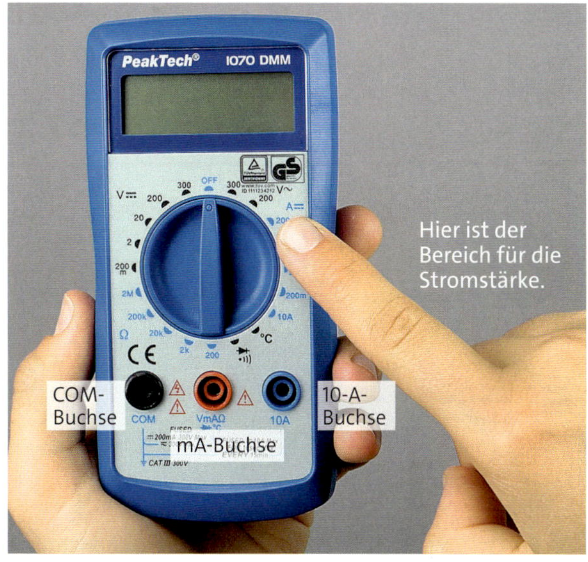

3 Ein elektronisches Vielfachmessgerät

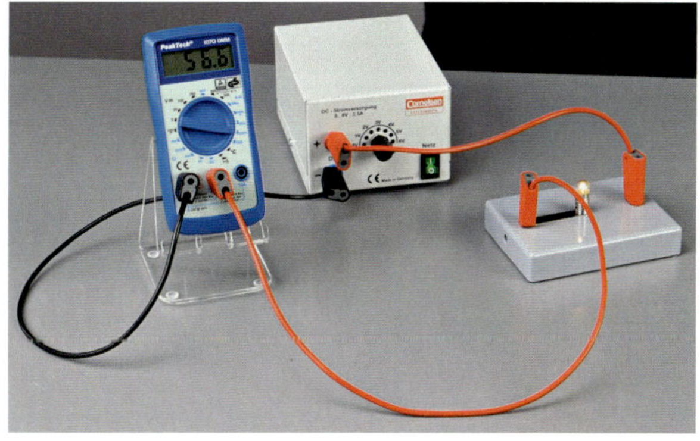

4 Stromkreis mit Messung der Stromstärke

Aufgaben

1 Beschreibe, wie du ein Strommessgerät in einen Stromkreis einbaust (Schaltplan).

2 Nenne und korrigiere den Fehler. → 5

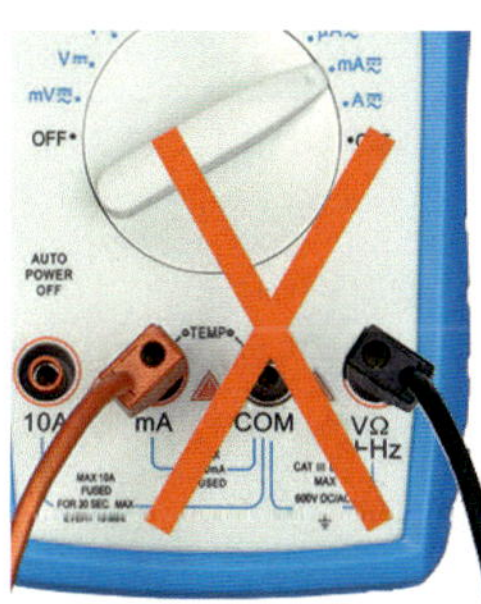

5 Fehler!

Elektrische Spannung

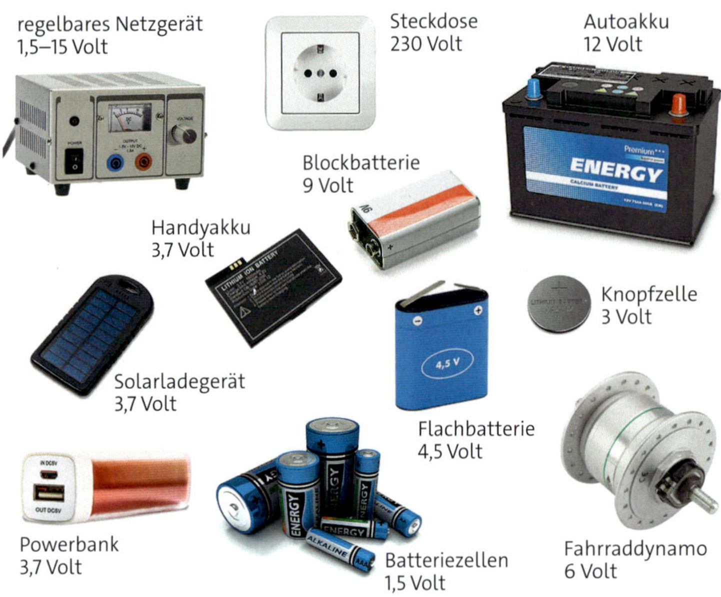

1 Elektrische Energiequellen – entscheidend ist die Voltzahl.

Materialien zur Erarbeitung: A–B

Unsere elektrischen Energiequellen haben ganz verschiedene Voltzahlen. Was bedeutet das?

Elektrische Spannung • Elektrische Energiequellen treiben die negativ geladenen Elektronen an – eine Batterie mit 4,5 Volt dreimal so kräftig wie eine Batterie mit 1,5 Volt.

Die Spannung *U* gibt an, wie kräftig die elektrische Energiequelle die negativ geladenen Elektronen antreibt. Die Spannung misst man in Volt. Die Einheit ist 1 Volt (1 V).

Experimentiere nie mit Spannungen über 25 V! Sonst besteht Lebensgefahr!

Große Spannungen gibt man in Kilovolt (kV) an, kleine in Millivolt (mV): 1 kV = 1000 V; 1 mV = 0,001 V.

Die Spannung muss passen • Wenn du eine Fahrradlampe an eine Batterie mit 4,5 V anschließt, dann leuchtet die Lampe nur schwach. Wenn sie dagegen an einen Akku mit 12 V angeschlossen wird, geht die Lampe kaputt. Sie ist für eine Spannung von 6 V ausgelegt.
Für alle Elektrogeräte gilt: Sie müssen mit der passenden Spannung betrieben werden. Sie ist auf den Typenschildern der Geräte in Volt angegeben.

Spannung und elektrische Energie • Die LED-Lampe leuchtet heller als das Fahrradlämpchen. → 2 3 Sie wandelt mehr elektrische Energie in Strahlungsenergie um. Die Stromstärke ist in beiden Lampen aber gleich groß. Es strömen also gleich viele negativ geladene Elektronen pro Sekunde durch beide Lampen. Doch die Spannung an den Lampen ist verschieden

2 LED-Lampe: $I = 0{,}1\,\text{A}$; $U = 230\,\text{V}$

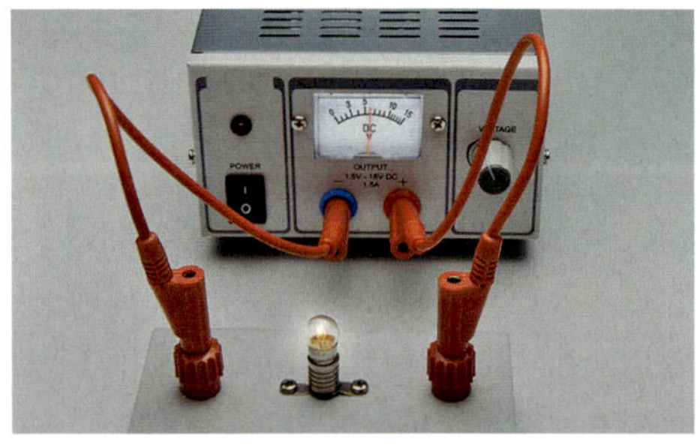

3 Fahrradlämpchen: $I = 0{,}1\,\text{A}$; $U = 6\,\text{V}$

die **Spannung**
das **Volt (V)**
die **Reihenschaltung**

groß. Sie gibt an, wie viel Energie pro negativ geladenem Elektron transportiert wird.

> Je größer die Spannung einer elektrischen Energiequelle ist, desto mehr elektrische Energie wird pro Sekunde bei gleicher Stromstärke transportiert.

Reihenschaltung von Batterien • Die Taschenlampe braucht eine Spannung von 3 V. → 4 Die 1,5-V-Batterien werden in einer Reihe hintereinander in das Gehäuse geschoben. → 5 Sie treiben den Elektronenstrom nacheinander an. So ist der Antrieb doppelt so groß wie bei nur einer Batterie.

> Bei der Reihenschaltung von elektrischen Energiequellen addieren sich einzelne Spannungen zur Gesamtspannung:
> $U_{gesamt} = U_1 + U_2 + ...$

Reihenschaltung von Geräten • Die Lichterkette ist an eine Steckdose mit 230 V angeschlossen. → 6 Die Lämpchen sind in Reihe geschaltet. → 7 Jedes Lämpchen ist für nur 6,5 V ausgelegt. Das heißt: Um den Elektronenstrom durch ein Lämpchen zu treiben, sind 6,5 V erforderlich, für 35 Lämpchen sind es also 227,5 V. An jedem einzelnen Lämpchen liegen aber nur 6,5 V an.

> Bei der Reihenschaltung von elektrischen Geräten teilt sich die Spannung der Quelle auf die Geräte auf:
> $U_{Quelle} = U_1 + U_2 + ...$

4 3-Volt-Taschenlampe

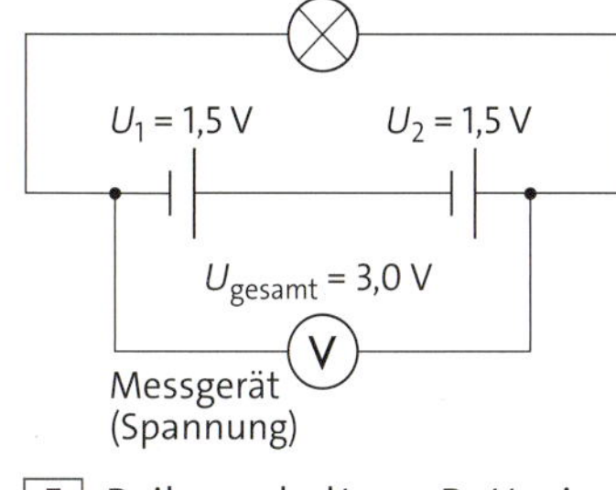

5 Reihenschaltung Batterien

6 230-Volt-Lichterkette

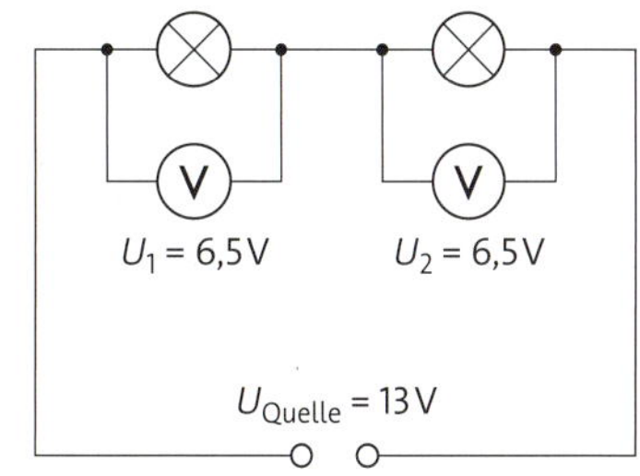

7 Reihenschaltung Lampen

Aufgaben

1 ☑ Rechne in V um: 2,5 kV, 200 mV, 380 kV und 80 mV.

2 ☒ Ergänze die Sätze im Heft:
a Die ◈ gibt an, wie kräftig der Elektronenstrom angetrieben wird.
b Die ◈ gibt an, wie viele Elektronen pro Sekunde ◈

3 Bei einer Taschenlampe sind drei 1,5-V-Batterien in Reihe geschaltet.
a ☑ Berechne die Gesamtspannung.
b ☒ Zeichne den Schaltplan. Füge auch den Schalter ein.

4 ☒ Bei einer 230-V-Lichterkette sind 46 Lämpchen in Reihe geschaltet. Berechne, für welche Spannung jedes Lämpchen ausgelegt ist.

Elektrische Spannung

Material A

Spannung von elektrischen Energiequellen messen

Materialliste: Batterien, Netzgerät, Handgenerator, Messgerät (Spannung), Kabel

1 Lies die Voltzahlen auf den Batterien und am Netzgerät ab. Notiere sie. → 1

	Flachbatterie	?
Spannung		
• abgelesen	4,5 V	?
• gemessen	4,3 V	?

1 Beispieltabelle: Spannung an elektrischen Energiequellen

2 Miss die Spannung an den Batterien und am Netzgerät (siehe Methode). → 2 Vergleiche mit den abgelesenen Voltzahlen.

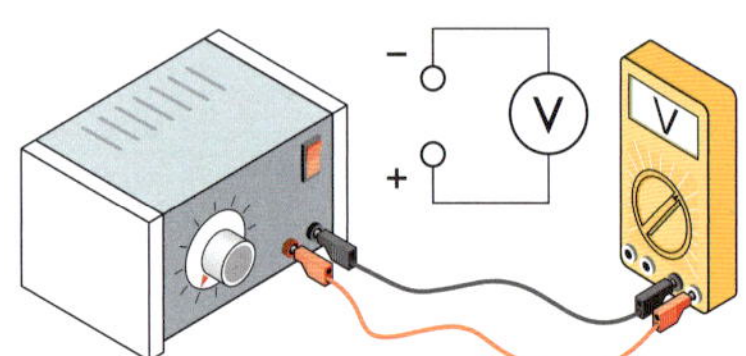

2 Spannung am Netzgerät

3 Miss die Spannung am Generator. Drehe die Kurbel einmal langsam, einmal schnell. Formuliere das Versuchsergebnis: „Je schneller, die Kurbel gedreht wird, desto ?."

Material B

Spannungen bei Schaltungen von Batterien

Materialliste: 3 Mignonzellen („AA"), zerlegte Flachbatterie, Messgerät (Spannung), Kabel

1 Miss die Spannung jeder einzelnen Mignonzelle und notiere die Messwerte.

2 Kombiniere zwei Zellen in einer Reihenschaltung auf drei verschiedene Weisen.

a Zeichne die Schaltpläne für die drei Kombinationen.

b Miss die Spannung an den äußeren Polen der kombinierten Zellen. Notiere die Messwerte.

c Ergänze das Messgerät in den Schaltplänen. Trage die Messwerte in die Zeichnungen ein.

3 Erzeuge mit drei Mignonzellen eine Spannung von 4,5 V.

a Beschreibe, wie die Zellen geschaltet werden.

b Zeichne den Schaltplan.

4 Sieh dir die zerlegte Flachbatterie genau an. Beschreibe, wie hier eine Spannung von 4,5 V erzeugt wird.

Material C →

Spannungen bei einer Reihenschaltung von Lampen

Materialliste: Lampe 1 (6 V; 0,3 A), Lampe 2 (4 V; 0,3 A), Netzgerät (10 V), Messgerät (Spannung), Kabel

1 Schließe die beiden Lampen in Reihe an das Netzgerät an. Stelle das Netzgerät auf 10 V ein.

a Miss nacheinander die Spannung am Netzgerät und an den Lampen. → 3 Notiere die Messwerte.

b Formuliere einen Zusammenhang zwischen den gemessenen Spannungen.

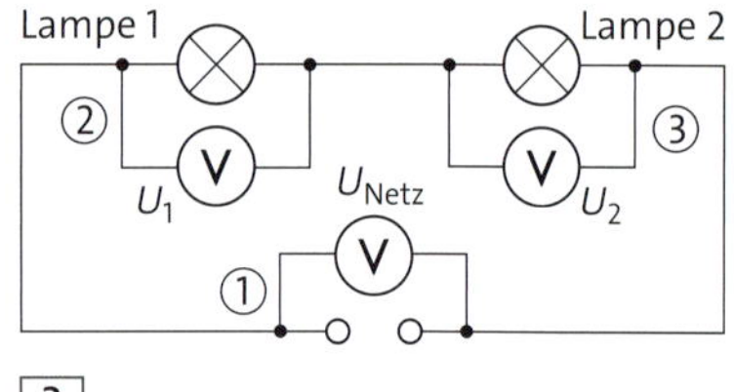

3

2 Zwei 4-V-Lampen sind an eine neue Flachbatterie angeschlossen. → 4 Erkläre, warum sie kaum leuchten.

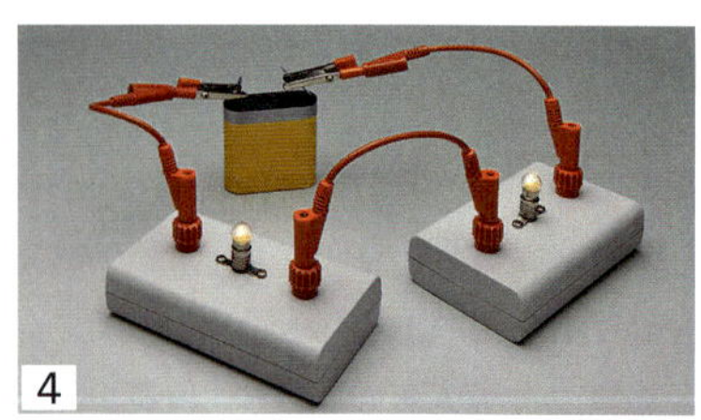

4

Methode →

Elektrische Spannung messen

1. Baue den Stromkreis ohne Messgerät auf
Teste, ob die Schaltung funktioniert. Schalte dann den Strom wieder aus.

2. Schließe das Messgerät an Das Messgerät soll messen, wie stark der Elektronenstrom zwischen zwei Punkten des Stromkreises angetrieben wird. Dazu wird es parallel zum Stromkreis an diese beiden Punkte angeschlossen. Das Messgerät bleibt dabei zunächst ausgeschaltet. → 5
Die Spannung an einer Lampe soll gemessen werden. → 6 Schließe die schwarze COM-Buchse des Messgeräts mit einem schwarzen Kabel an den Lampenkontakt an, der mit dem Minuspol der elektrischen Energiequelle verbunden ist. Die V-Buchse schließt du mit einem roten Kabel an den Lampenkontakt an, der mit dem Pluspol der elektrischen Energiequelle verbunden ist.

3. Stelle das Messgerät ein Für die Messung von Gleichspannungen wird der Bereich mit V⎓ oder V– genutzt. → 5 Der Bereich für Wechselspannungen ist durch V~ gekennzeichnet.
Drehe den Schalter zunächst auf den größten Messbereich (z. B. 300 V). Schalte nun den Strom im Stromkreis ein und lies die Spannung ab. Durch das Messgerät selbst fließt nur ein sehr kleiner Elektronenstrom.

4. Passe den Messbereich an Ist der Messwert kleiner als die höchste Voltzahl des nächstkleineren Messbereichs (bei uns 200 V)? Dann schalte den Strom wieder aus. Wähle den nächstkleineren Messbereich. Schalte den Strom wieder ein und lies den Messwert ab. → 6 Passe bei Bedarf den Messbereich noch weiter an.

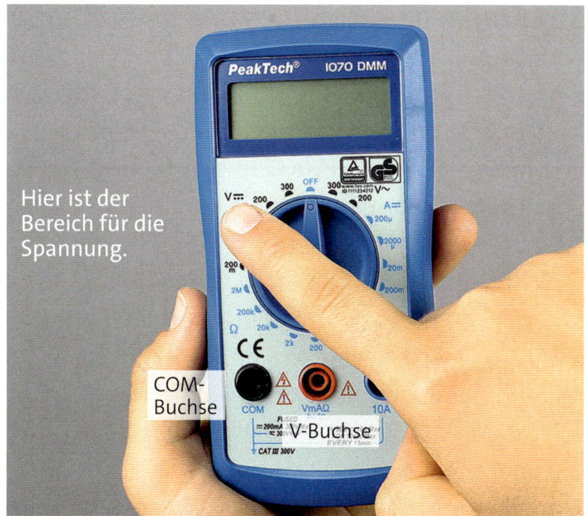

5 Ein elektronisches Vielfachmessgerät

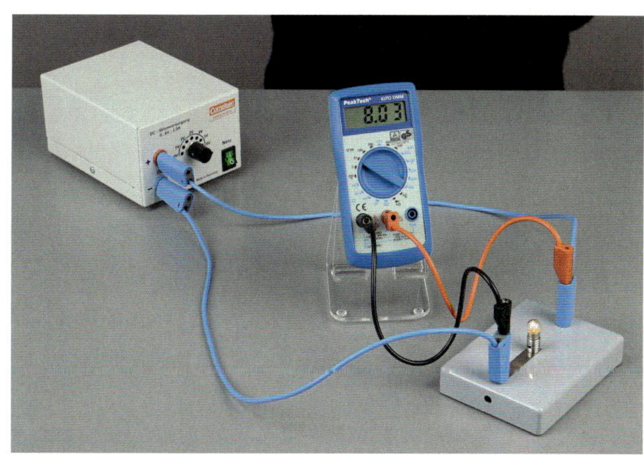

6 Messung der Spannung an der Lampe

Aufgaben

1 Beschreibe, wie du ein Spannungsmessgerät in den Stromkreis einbaust.

2 Zeichne den Schaltplan zur Schaltung. → 6

3 Nun soll die Spannung am Netzgerät gemessen werden. Zeichne den Schaltplan.

Elektrische Spannung

Methode →

Schaltungen richtig aufbauen und Fehler finden

Einfache Stromkreise sind einfach aufgebaut. Die folgenden Schritte sollen dir dabei helfen, auch schwierigere Stromkreise richtig aufzubauen und zum Laufen zu bringen:

1. Schau dir Kabel und Geräte genau an Achte darauf, dass die Experimentierkabel nicht beschädigt, geknickt, verdreht oder verknotet sind. Überprüfe die Anschlüsse der Geräte. Wackeln sie? Haben sich Drähte gelöst? Schaue auch unter die Bauteile.
Sind die Lampen fest in ihre Fassungen eingeschraubt? Kaputte Glühlampen erkennst du oft am „rauchigen" Glas und am gerissenen Glühdraht. Ersetze sie.

2. Baue die Schaltung auf Verbinde die Geräte Schritt für Schritt mit den Kabeln wie im Schaltplan. Stecke die Kabel fest in die Buchsen.

3. Vergleiche Schaltung und Schaltplan Lege den Schaltplan neben die Schaltung und fahre mit dem Finger die Kabel entlang. → 1 Beginne beim Minuspol der elektrischen Energiequelle. Entspricht die Kabelführung dem Schaltplan? Bei Verzweigungen von Stromkreisen musst du besonders aufpassen. Stelle sicher, dass jeder Zweig richtig mit der elektrischen Energiequelle verbunden ist. Überprüfe, ob die Messgeräte korrekt angeschlossen sind.

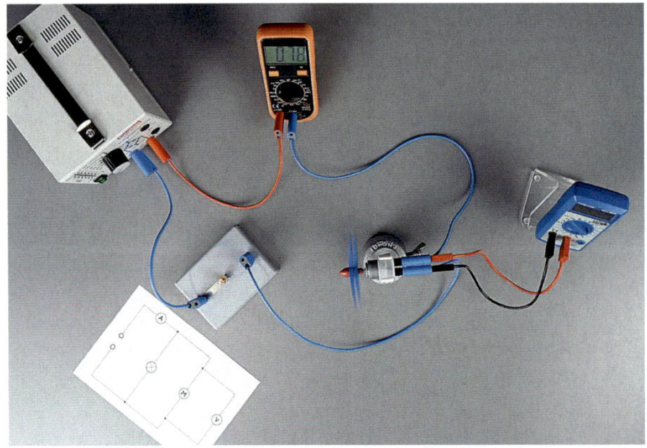

1 Findest du die beiden Fehler in der Schaltung?

4. Freigabe durch die Lehrkraft Nun muss deine Lehrkraft die Schaltung überprüfen. Wenn der Stromkreis richtig aufgebaut ist, darfst du die Schaltung in Betrieb nehmen. Vielleicht findet die Lehrkraft aber auch einen Fehler. Dann vergleiche Schaltung und Schaltplan noch einmal und behebe den Fehler.

5. Schaltung richtig – Gerät kaputt? Funktioniert die Schaltung nicht, obwohl sie richtig aufgebaut ist? Dann schalte das Netzgerät sofort aus oder trenne die Schaltung von der Batterie. Schließe nun die Geräte einzeln direkt an die elektrische Energiequelle an: Leuchtet die Lampe oder bewegt sich der Motor? Teste die Kabel einzeln in einem einfachen Stromkreis. Zeigt das Display des eingeschalteten Messgeräts etwas an? Tausche defekte Geräte aus. Lege bei Bedarf eine neue Batterie in das Messgerät ein.

6. Schaltung neu aufbauen Baue die Schaltung noch einmal richtig auf und lass sie von der Lehrkraft freigeben. Schalte den Strom wieder ein.

Aufgabe

1 ☒ Beschreibe die Fehler in der Schaltung. → 1
Gib Tipps, um den Aufbau zu korrigieren.

Erweitern und Vertiefen

Kleine und große Spannungen

Solarzellen • Die Spannung einer einzelnen Solarzelle ist recht klein. Für größere Spannungen schaltet man viele Solarzellen zusammen.

2 0,5 V je Solarzelle

Haushaltsbatterien • Viele Batterien und Akkus im Haushalt haben die gleiche Spannung. Sie speichern aber verschieden viel Energie.

3 Batterien mit 1,5 V

Autoakkus • Alle Autos haben einen 12-V-Akku. Elektroautos haben für den Antrieb zusätzliche Akkus zum Beispiel mit 400 V.

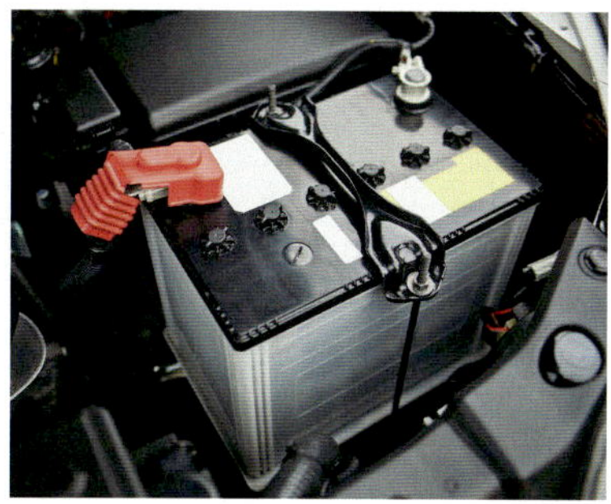

4 Autoakku mit 12 V

Steckdosen • Unsere Elektrogeräte werden an 230 V angeschlossen. Die Steckdosen in den USA haben meist eine geringere Spannung: 120 V.

5 230 V

6 120 V

Generator im Kraftwerk • Um Tausende von Menschen mit elektrischer Energie zu versorgen, stellen Kraftwerke sehr hohe Spannungen bereit.

7 Generator für 21 000 V

Blitz • Gewaltige Spannungen zwischen Wolkenunterseite und Erdboden treiben sehr große Ströme an – allerdings nur für sehr kurze Zeit.

8 Mehr als 100 000 000 V!

Aufgaben

1 Gib an, welche der Spannungen nicht lebensgefährlich sind. → 2 – 8

2 Recherchiere, wie hoch die Spannung jeweils ist:
a an einer menschlichen Nervenzelle (Ruhepotenzial und Aktionspotenzial)
b am elektrischen Organ eines Zitteraals
c bei einem Defibrillator, der gegen Herzkammerflimmern eingesetzt wird

Parallelschaltung im Haushalt

1 Wie viele Stromkreise?

Material zur Erarbeitung: A

Der Laptop, der Drucker, die Lavalampe und das Radio – alle sind in einer Steckdosenleiste angeschlossen. Auch wenn der Stecker des Druckers herausgezogen wird, funktionieren die anderen Geräte weiter.

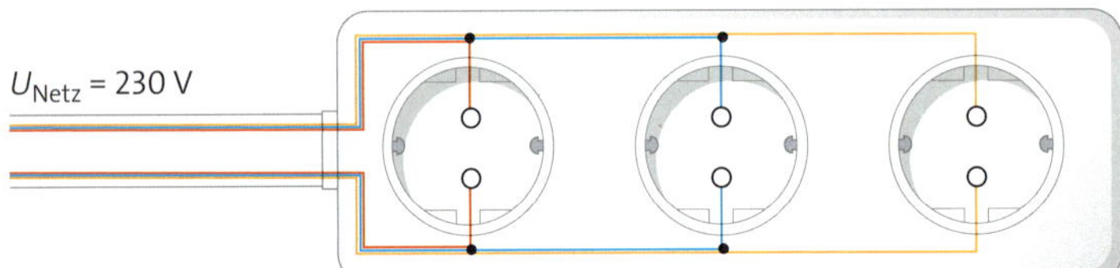

2 Steckdosenleiste

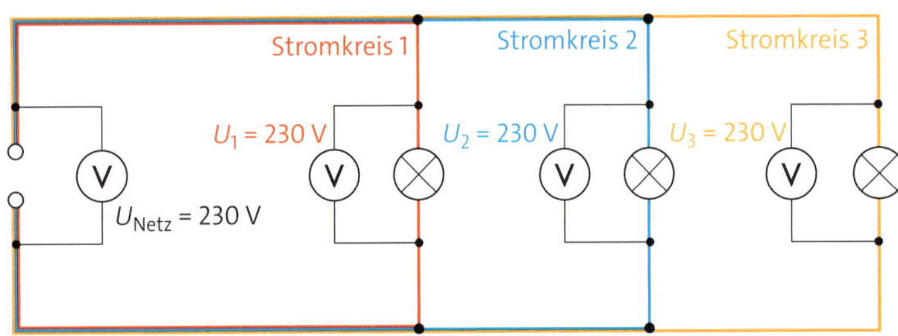

3 Drei Lampen in Parallelschaltung

Parallelschaltung • In einer Parallelschaltung ist jedes Gerät einzeln mit der elektrischen Energiequelle verbunden – jeweils in einem eigenen Stromkreis.
In einer Steckdosenleiste wird das Anschlusskabel zu jeder Steckdose geführt. → 2 Das bedeutet: An jeder Steckdose der Leiste wird ein angeschlossenes Gerät mit der Spannung der Zuleitung von 230 V versorgt.

Spannung in der Parallelschaltung • Wenn drei Lampen in einer Parallelschaltung an eine Steckdose angeschlossen sind, ist die Spannung an jeder Lampe gleich groß. → 3

In einer Parallelschaltung ist die Spannung an jedem Gerät gleich groß:
$U_1 = U_2 = U_3 = U_{Netz}$.

Stromstärke in der Parallelschaltung • Je mehr Lampen parallel geschaltet sind, desto größer ist die Stromstärke in der Zuleitung. → 4

Jede Lampe muss mit Elektronen versorgt werden. In der Zuleitung kommen die Elektronenströme der drei Stromkreise zusammen.

> In einer Parallelschaltung summieren sich die Stromstärken:
> $I_{gesamt} = I_1 + I_2 + I_3 + \ldots$

Wenn du an eine Steckdosenleiste zu viele leistungsstarke Geräte anschließt, kann die Stromstärke sehr groß werden. Dann werden die Kabel warm und die Sicherungen können „herausspringen".

Energie in der Parallelschaltung • In einer Parallelschaltung wird jedes Gerät mit der nötigen Energie versorgt. Das kannst du mit einem Handgenerator spüren. Der Generator lässt sich umso schwerer drehen, je mehr Lampen parallel angeschlossen sind. → 5

Damit der Handgenerator bei gleicher Spannung mehr elektrische Energie pro Sekunde abgeben kann, müssen mehr Elektronen angetrieben werden. Das heißt, die Stromstärke muss größer werden – und das strengt an.

> Bei parallel geschalteten Geräten gilt für die transportierte Energie:
> - 2-fache Stromstärke
>   → 2-fache Energie pro Sekunde
> - 3-fache Stromstärke
>   → 3-fache Energie pro Sekunde

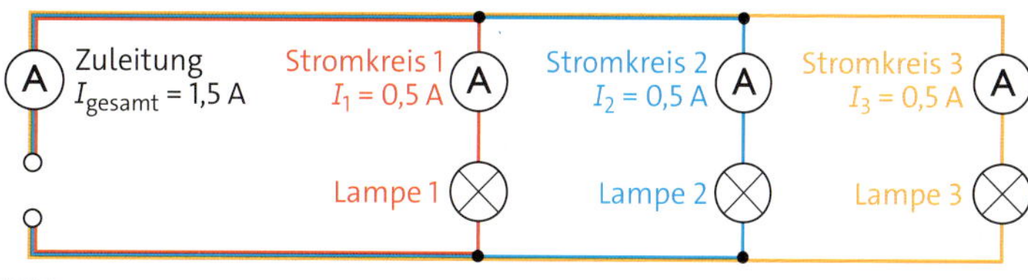

4 Drei Lampen in Parallelschaltung

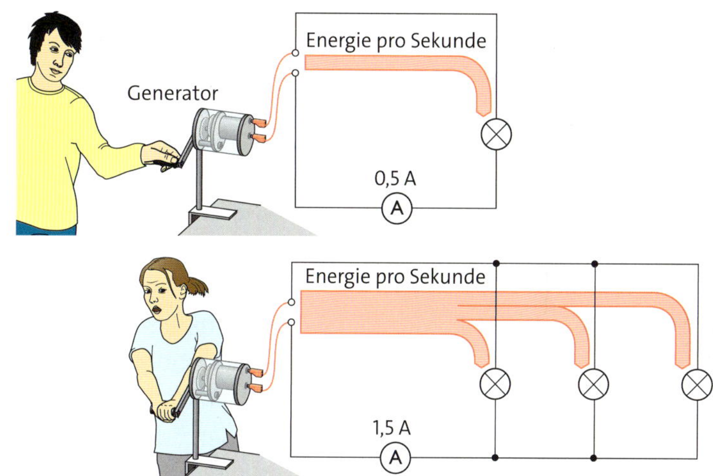

5 Energietransport bei der Parallelschaltung

Aufgaben

1 Die Fahrradbeleuchtung ist eine Parallelschaltung.

a Zeichne den Schaltplan.

b Füge ein Messgerät für I_{gesamt} ein.

c Die Stromstärke beträgt im Scheinwerfer 0,4 A, im Rücklicht 0,1 A. Berechne die Gesamtstromstärke.

2 Begründe, warum nicht viele leistungsstarke Geräte in einer Steckdosenleiste betrieben werden sollen.

3 Begründe, dass Sicherungen sinnvolle Einrichtungen sind.

Parallelschaltung im Haushalt

Material A

Die Parallelschaltung von Lampen

Materialliste: 4 gleiche Lampen (z. B. 4 V; 0,3 A), Netzgerät (4 V), Handgenerator, Messgerät (Stromstärke)

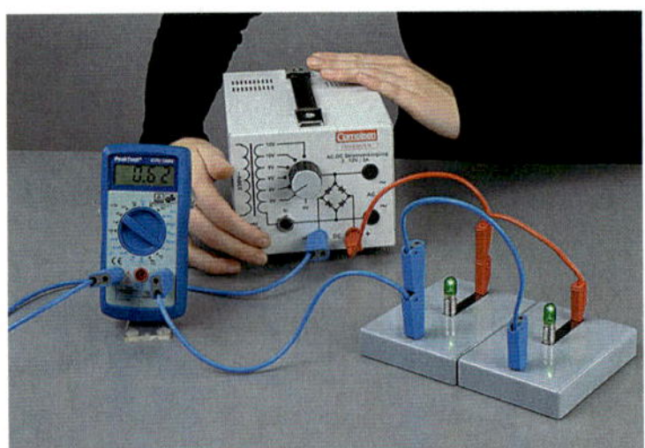

1 Lampen in Parallelschaltung

Lampen	1	2	3	4
Stromstärke in der Zuleitung	?	?	?	?

2 Beispieltabelle

1 Wie verändert sich die Stromstärke in der gemeinsamen Zuleitung, wenn man immer mehr Lampen parallel schaltet? → 1

a Baue einen einfachen Stromkreis mit einer Lampe und dem Messgerät auf. Miss die Stromstärke. Trage den Messwert in eine Tabelle ein. → 2

b Schalte eine zweite Lampe parallel hinzu, ohne den Stromkreis zu öffnen. Miss und notiere wieder die Stromstärke in der gemeinsamen Zuleitung.

c Wiederhole die Messung mit drei und vier Lampen.

d Ergänze: „Je mehr Lampen parallel an das Netzgerät angeschlossen werden, desto ◊ wird die Stromstärke in der gemeinsamen Zuleitung."

e Ergänze: „Je mehr Lampen leuchten, desto mehr ◊ muss von der elektrischen Energiequelle übertragen werden."

2 Ersetze das Netzgerät durch den Handgenerator.

a Wiederhole den Versuch. Kurble beim Messen der Stromstärke immer etwa gleich schnell!

b Beschreibe, was dir beim Kurbeln auffällt, wenn immer mehr Lampen dazukommen.

c Erkläre deine Beobachtung aus Teil b mithilfe der Energie.

Material B

Die Stromstärke bei Haushaltsgeräten (Demoversuch)

Das Messgerät wird über die Sicherheitssteckdose in die Zuleitung einer Steckdosenleiste geschaltet. → 3

Materialliste: Elektrogeräte (230 V), Sicherheitssteckdose, Sicherheitsexperimentierkabel, Steckdosenleiste, Messgerät (Stromstärke)

1 Die Elektrogeräte werden zuerst einzeln an die Steckdosenleiste angeschlossen. → 3 Miss und notiere die Stromstärke für jedes Gerät.

2 Nun werden alle Geräte gleichzeitig angeschlossen.

a Miss und notiere die Gesamtstromstärke.

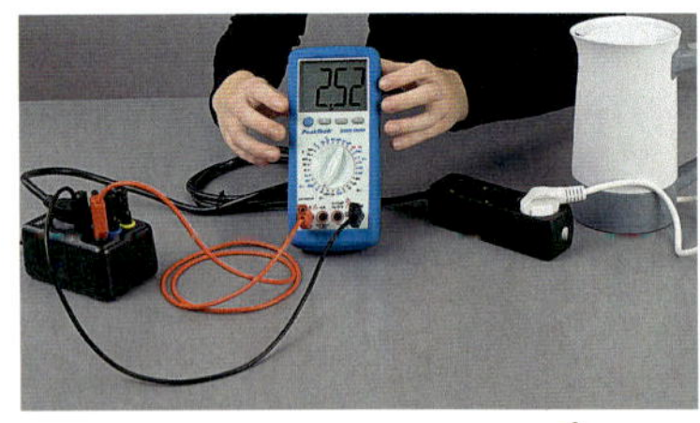

3 Stromstärke messen 

b Vergleiche die Gesamtstromstärke mit den Einzelstromstärken. Formuliere einen Zusammenhang.

Material C

Die Fahrradbeleuchtung

4 Die Fahrradbeleuchtung

Am Fahrrad sind der Scheinwerfer und das Rücklicht gemeinsam am Dynamo angeschlossen. → 4

Materialliste: Batterie (4,5 V) oder Netzgerät (6 V), 2 Scheinwerferlampen (6 V; 0,4 A), Rücklichtlampe (6 V; 0,1 A), Schalter, Kabel, Messgerät (Stromstärke)

1 Baue die Fahrradbeleuchtung nach. Die Batterie (das Netzgerät) ersetzt den Dynamo.
Die Scheinwerferlampe und die Rücklichtlampe sollen gemeinsam ein- und ausgeschaltet werden.

a Baue die Schaltung auf. Beide Lampen müssen zugleich hell leuchten.

b Drehe eine Lampe aus der Fassung. Prüfe, ob die andere Lampe weiterhin leuchtet.

c Miss und notiere die Stromstärke in der gemeinsamen Zuleitung.

d Zeichne den Schaltplan.

2 Ergänze eine zweite Scheinwerferlampe.

a Beschreibe, wie du bei der Schaltung vorgehst.

b Zeichne den Schaltplan.

c Miss die Stromstärke in der Zuleitung und notiere sie.

3 Vergleiche die Messwerte für die Stromstärke in der Zuleitung aus den Versuchsteilen 1c und 2c. Berechne die Stromstärke in der zweiten Scheinwerferlampe.

Material D

Die Mehrfachsteckdose

Auf dem Schulfest sind mehrere Geräte an eine Mehrfachsteckdose angeschlossen. → 5

5 Zwei Waffeleisen in Betrieb

1 Zwei Waffeleisen sind in Betrieb. Jedes Gerät benötigt eine Stromstärke von 4,3 A.

a Gib an, in welcher Schaltungsart die beiden Geräte betrieben werden.

b Berechne die Stromstärke in der Zuleitung der Mehrfachsteckdose.

2 Nun wird noch ein Elektrogrill angeschlossen. Er benötigt eine Stromstärke von 8,9 A. Beim Einschalten des Grills geht plötzlich nichts mehr – der Strom ist weg.

a Erkläre, was passiert ist.

b Berechne die Stromstärke, die zur Unterbrechung geführt hat.

c Begründe, warum eine Unterbrechung bei dieser Stromstärke sinnvoll ist.

Schutzmaßnahmen im Stromnetz

1 Warum sind plötzlich alle Geräte aus?

Material zur Erarbeitung: A

Uli hat die Mikrowelle eingeschaltet – und plötzlich sind alle Geräte in der Küche aus. Die Sicherung ist „raus“.

Sicherungen • Je mehr Geräte an eine Steckdose angeschlossen werden, desto größer wird die Stromstärke in der Zuleitung. Bei großer Stromstärke werden die Drähte heiß. Bevor ein Feuer ausbricht, unterbricht eine Sicherung den Stromkreis. → 2 Sie ist die „schwächste Stelle“ im Stromkreis.

Schmelzsicherungen enthalten einen dünnen Draht. → 3 Er schmilzt, bevor die Stromstärke zu groß wird. Sicherungsautomaten enthalten einen Elektromagneten. Bei großer Stromstärke öffnet er einen Schalter. Sicherungsautomaten können immer wieder von Hand eingeschaltet werden.

Schutzleiter • Die meisten Leitungen im Haus haben drei „Adern“: Außen-, Neutral- und Schutzleiter. → 4 Außen- und Neutralleiter sind für den Transport der elektrischen Energie zuständig. Der Neutralleiter in der Zuleitung zum Haus ist leitend mit dem Erdreich verbunden („Erdung“). Der gelb-grüne Schutzleiter soll uns vor Elektrounfällen schützen. → 5

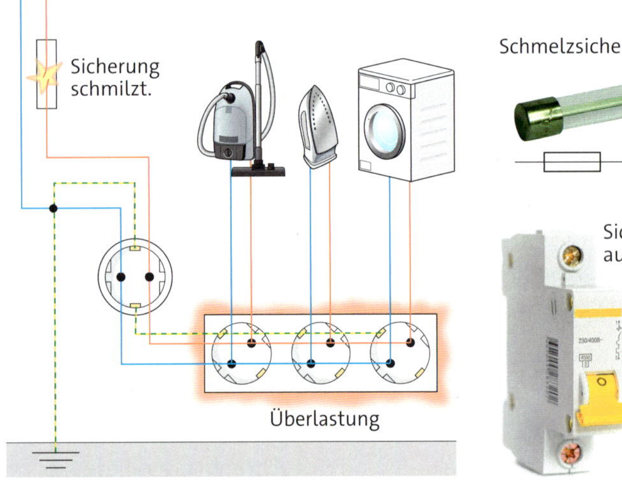

2 Überlastung und Schmelzsicherung

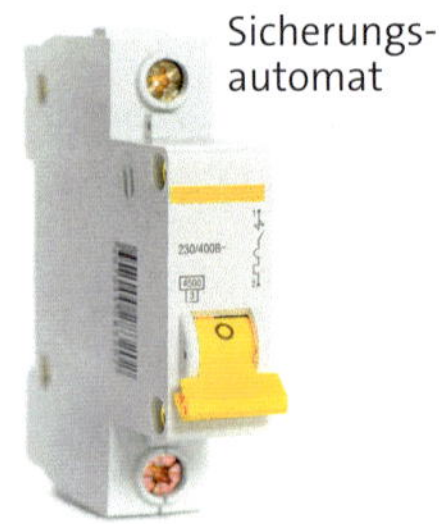

3 Sicherungen

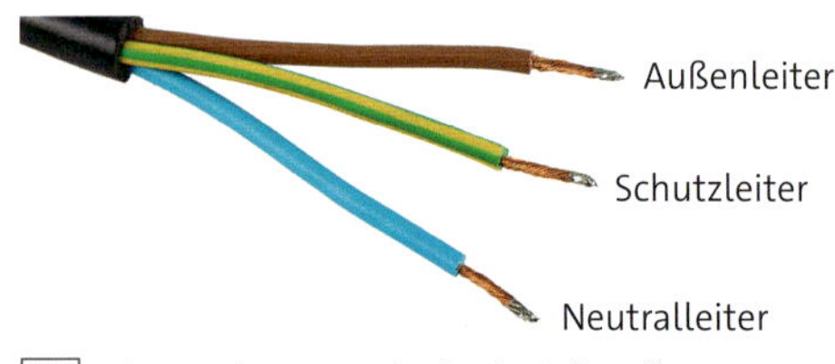

4 Eine Leitung mit drei „Adern“

vapoto

Lexikon
Tipps

die **Sicherung**
der **Schutzleiter**
der **Fehlerstromschutzschalter**

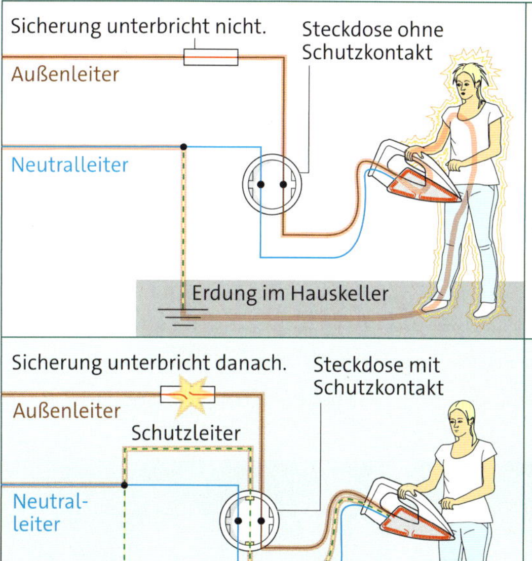

Ohne Schutzleiter
Sarah verwendet ein Bügeleisen, obwohl es keinen Schutzleiter hat. Die Steckdose hat nur die beiden Pole und keinen Schutzkontakt. Der Außenleiter im Bügeleisen ist kaputt, der blanke Draht stößt gegen das Gehäuse aus Metall („Körperschluss"). Sarah schaltet das Bügeleisen ein, fasst ans Gehäuse – und bekommt einen lebensgefährlichen Stromschlag! Der Strom fließt vom Außenleiter durch das Gehäuse, Sarahs Körper und den Fußboden zur Erdung. Die Stromstärke ist nicht so groß, dass die Sicherung auslöst.

Mit Schutzleiter und Schutzkontaktsteckdose
Sarah benutzt ein Bügeleisen mit einem Schutzleiter, der leitend mit dem Gehäuse verbunden ist. Die Steckdose hat einen Schutzkontakt. Auch hier stößt der blanke Draht des Außenleiters gegen das Gehäuse aus Metall („Körperschluss").
Sarah schaltet das Bügeleisen ein – und sofort gehen viele elektrische Geräte im Raum aus. Eine Sicherung hat den Stromkreis unterbrochen. Der elektrische Strom ist vom Außenleiter durch den Schutzleiter direkt zum Neutralleiter geflossen – an Sarah vorbei. Die Stromstärke war so hoch, dass die Sicherung ausgelöst hat.

5 Schutzleiter und Schutzkontakt

Fehlerstromschutzschalter • Der Schalter unterbricht den Stromkreis automatisch, wenn die Stromstärken im Außenleiter und im Neutralleiter verschieden sind: → 6 7
Ein Kind steckt eine Nadel in die Steckdose. → 6 Nun fließt ein Elektronenstrom durch das Kind. Die Stromstärke ist so klein, dass die Sicherung nicht unterbricht. Im Fehlerstromschutzschalter ist die Stromstärke im Außenleiter aber ein wenig größer als im Neutralleiter. Deshalb unterbricht der Schalter den Stromkreis.

Sicherungen schützen elektrische Anlagen vor zu großer Stromstärke. Schutzleiter, Schutzkontakt und Fehlerstromschutzschalter schützen den Menschen vor Elektrounfällen.

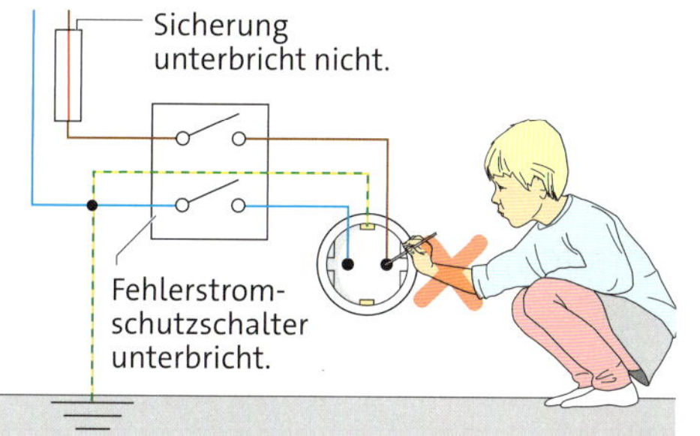

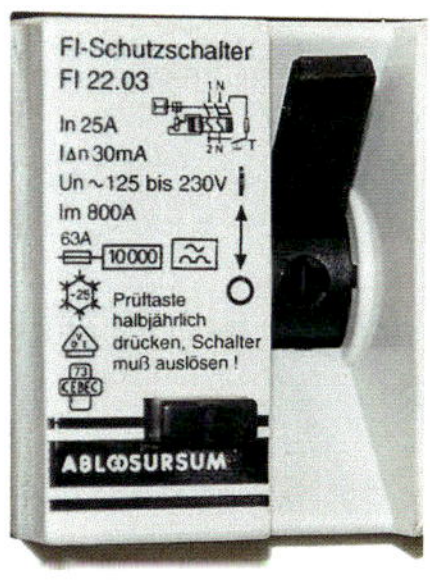

6 7 Der Fehlerstromschutzschalter (FI-Schutzschalter)

Aufgaben

1 ☒ Erkläre, was mit der Sicherung bei Überlastung geschieht. → 2

2 ☒ Begründe die Ratschläge:
a Verwende kein Bügeleisen ohne Schutzleiter und Schutzkontaktsteckdose. → 5
b Steckdosen im Haus sollten mit FI-Schutzschaltern geschützt sein. → 6

Schutzmaßnahmen im Stromnetz

Material A →

Überlastung und Sicherung (Demoversuch)

Materialliste: 2 Glühlampen (6 V; 0,3 A), Glühlampe (6 V; 4,17 A), 2 Konstantandrähte (0,2 mm dick; ca. 6 und 15 cm lang), Netzgerät (6 V; 5 A), 4 Tonnenfüße, 4 Isolierstäbe, Kabel

1 Eine 0,3-A-Lampe und der kurze Draht werden in Reihe an das Netzgerät angeschlossen. → 1
Beschreibe, was du an der Lampe und am Draht beobachtest.

2 Beschreibe jeweils, was du an den Lampen und am kurzen Draht beobachtest:

a Die zweite 0,3-A-Lampe wird parallel zur ersten Lampe dazugeschaltet.

b Die 4,17-A-Lampe wird parallel zur ersten und zweiten Lampe dazugeschaltet.

c Der lange Draht wird parallel dazugeschaltet. → 2

3 Vergleiche und erkläre deine Beobachtungen.

Achtung! • Konstantandrähte nicht berühren, solange sie Teil des Stromkreises sind.

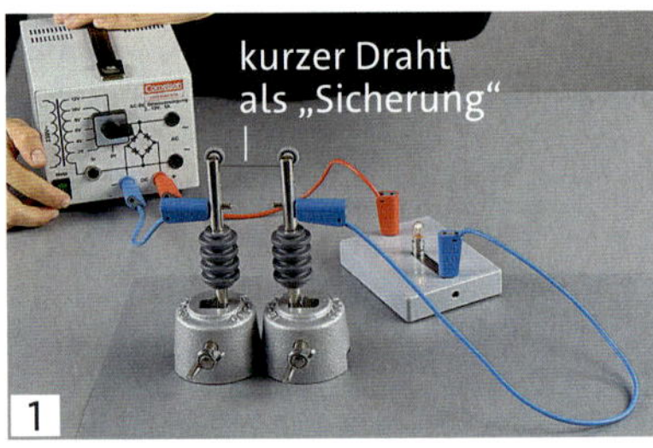

1

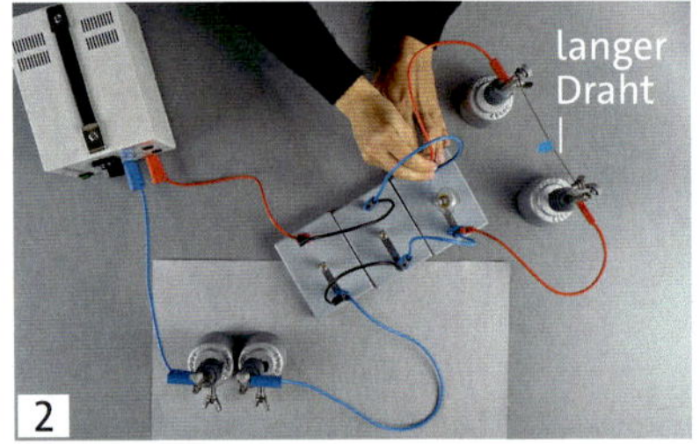

2

Material B →

Kurzschluss (Demoversuch)

Das Kabel ist kaputt. → 3
Der Außenleiter hat Kontakt mit dem Neutralleiter. Es fließt ein großer Strom an der Lampe vorbei. Die Sicherung unterbricht daraufhin den Stromkreis.
Der Versuch stellt diesen Kurzschluss nach.

Materialliste: Glühlampe (6 V; 0,3 A), kurzer Konstantandraht (ca. 6 cm lang, 0,2 mm dick), Netzgerät (6 V; 5 A), 2 Tonnenfüße, 2 Isolierstäbe, Kabel

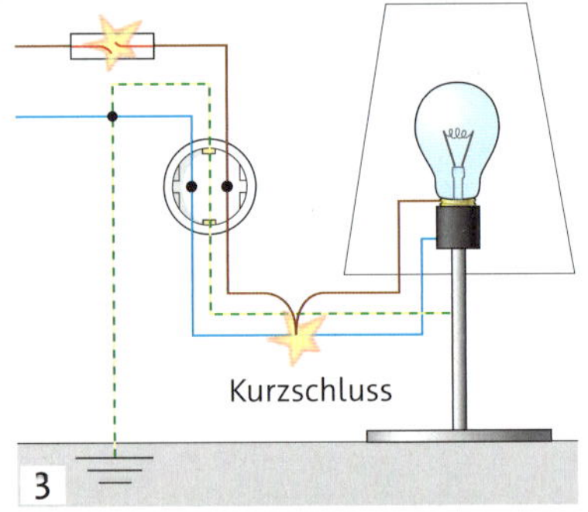

3

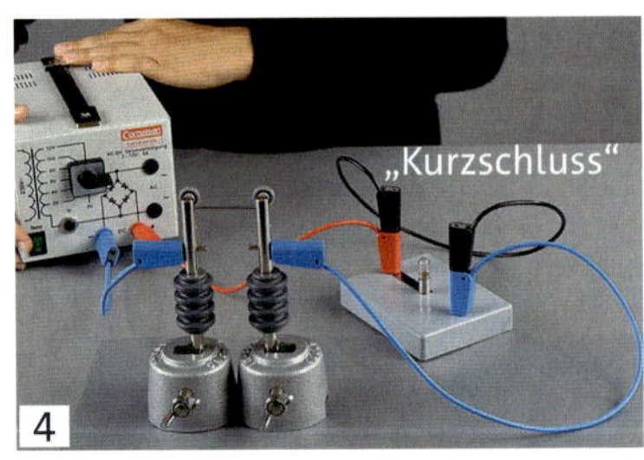

4

1 Die Lampe und der kurze Draht werden in Reihe geschaltet. → 1
Beobachte beide, wenn der Strom eingeschaltet ist.

2 Nun wird der Kurzschluss durch ein Kabel herbeigeführt, das parallel an der Lampe vorbeigeschaltet wird. → 4
Beschreibe und erkläre deine Beobachtung.

Achtung! • Konstantandraht nicht berühren, solange er Teil des Stromkreises ist.

Material C

Alles gesichert

1 Zwei Elektromotoren und eine Glühlampe sind parallel geschaltet. → 5

a Gib an, für welche Geräte die Sicherung wirkt.

b Übertrage den Schaltplan in dein Heft. Ändere die Schaltung so, dass alle Geräte abgesichert sind.

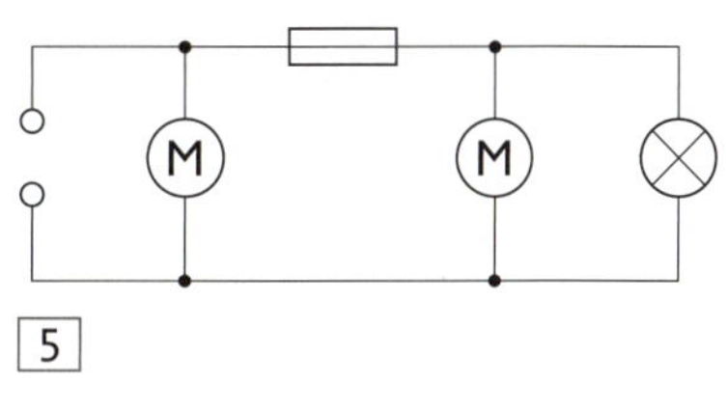

5

Material D

Überlastung?

1 Die Waschmaschine wird gleich eingesteckt. → 6
Die Sicherung unterbricht den Stromkreis bei mehr als 16 A. Berechne, ob das geschieht.

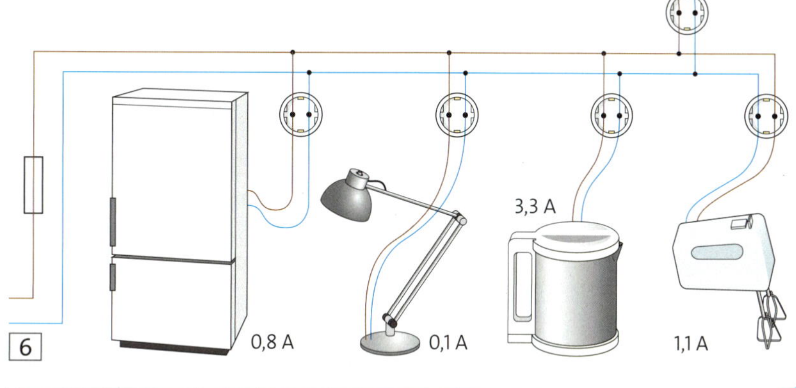

6

Material E

Ohne Schutzleiter

1 Zwei Geräte in dieser Steckdosenleiste haben Stecker ohne Schutzkontakt und ohne Schutzleiter. → 7
Wähle dazu die richtige Aussage aus:

a Die beiden Geräte sind lebensgefährlich.

b Die beiden Geräte haben einfache Stecker, weil das billiger ist.

c Die beiden Geräte haben Gehäuse aus Kunststoff, der nicht leitet.

7

Material F

Sichere Kabeltrommel

1 Bevor man an der Kabeltrommel Geräte mit großem Energiebedarf betreibt, sollte man das Kabel abwickeln. → 8 Begründe diese Sicherheitsmaßnahme.

8

Elektronenstrom mit Hindernissen

1 2 Durch welchen „Wald“ könntest du schneller laufen?

Material zur Erarbeitung: A

Zwischen den Apfelbäumen kommt man leicht voran. Der Wald aus Bambus ist dagegen voller Hindernisse. In Drähten ist es ähnlich.

Drähte leiten unterschiedlich gut • Die gleiche Lampe leuchtet im Stromkreis mit dem Kupferdraht heller als im Stromkreis mit dem Konstantandraht. → 3 4 Die Stromstärke ist im Kupferdraht größer als im Konstantandraht. Der Kupferdraht leitet besser.

Drähte lassen den Elektronenstrom nicht ungehindert durch. Sie haben einen elektrischen Widerstand. Je schlechter ein Draht leitet, desto größer ist sein Widerstand.

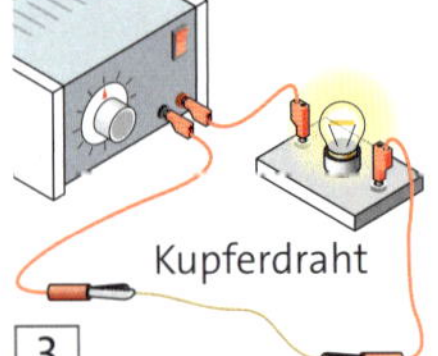

3

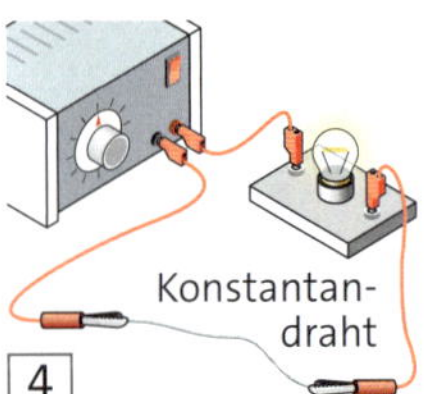

4

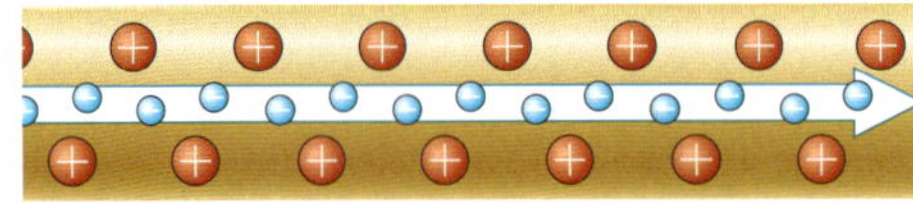

5 Kupferdraht (Modellvorstellung)

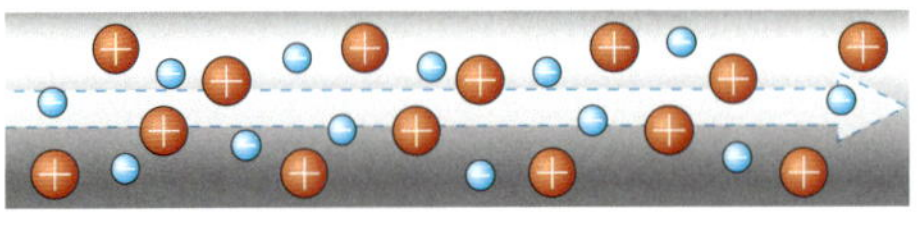

6 Konstantandraht (Modellvorstellung)

Erklärung im Modell • Wir stellen uns vor, dass die positiven Restatome im Kupferdraht in Reihen stehen wie die Apfelbäume in der Obstplantage. → 5 Die negativen Elektronen strömen relativ schnell durch den Kupferdraht. Sie stoßen nur selten gegen die Restatome. Die Stromstärke ist groß. Im Konstantandraht stehen die Restatome nicht in Reihen. → 6 Die strömenden Elektronen stoßen oft an und kommen deshalb nur relativ langsam voran. Die Stromstärke ist klein.

Widerstand • Er wird in Formeln mit R bezeichnet (engl. resistance: Widerstand). Die Einheit ist 1 Ohm ($1\,\Omega$). Große Widerstände gibt man in Kiloohm ($k\Omega$) an: $1000\,\Omega = 1\,k\Omega$. Vielfachmessgeräte können Stromstärke, Spannung und Widerstand messen.

Erwärmung • Bei eingeschaltetem Strom steigt die Temperatur der Drähte. Durch die Stöße der Elektronen geraten die Restatome an ihren Plätzen stärker in Bewegung. Sicher weißt du noch, dass eine schnellere Teilchenbewegung eine höhere Temperatur bedeutet. Von außen beobachten wir daher, dass die Drähte wärmer werden.

Aufgaben

1 Ergänze: „Je besser ein Draht leitet, desto ◇ ist sein Widerstand.“

2 Nenne den Draht mit dem größeren Widerstand. → 3 4 Begründe anhand des Versuchs und im Modell.

gajesu

Erklärvideo
Versuchsvideo
Lexikon
Tipps

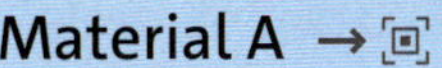

das **Konstantan**
der **Widerstand**
das **Ohm (Ω)**

Material A →

Stromstärke bei verschiedenen Drähten

Materialliste: Glühlampe (4 V; 1,0 A oder 6 V; 0,6 A), Netzgerät (4 V oder 6 V), Drähte (0,2 mm dick und 0,5 m lang) aus Kupfer, Eisen, Konstantan, Messgerät (Stromstärke), 2 Tonnenfüße, 2 Isolierstäbe, Kabel

1 Die Lampe wird über die verschiedenen Drähte angeschlossen. → 7 Leuchtet sie immer gleich hell?

a Schließe die Lampe direkt an das Netzgerät an. Beschreibe, wie hell sie leuchtet.

b Gleich sollen die Drähte in den Stromkreis eingebaut werden. Wird sich die Helligkeit der Lampe verändern? Schreibe deine Vermutung auf.

c Baue die Drähte nacheinander in den Stromkreis ein. Beobachte und vergleiche jeweils, wie hell die Lampe leuchtet. → 7 Vergleiche mit deiner Vermutung.

2 Baue das Messgerät in den Stromkreis ein.

a Miss bei den drei Drähten jeweils die Stromstärke. Notiere die Messwerte. → 8

b Gib an, welcher Draht den größten Strom zulässt und welcher den kleinsten.

c Der Widerstand eines Drahts ist groß, wenn der Draht nur einen kleinen Strom zulässt. Ordne den Drähten einen Widerstand zu: groß, mittel, klein. Ergänze die Tabelle (dritte Spalte).

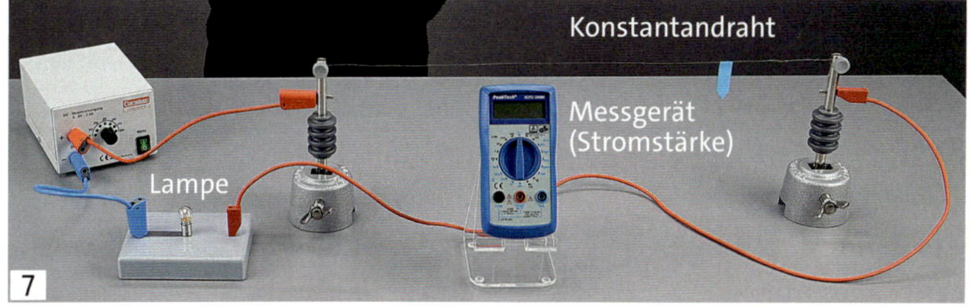

7

Draht aus:	Stromstärke	Widerstand
Kupfer	? A	?
Eisen	? A	?
Konstantan	? A	?

8 Stromstärke und Widerstand

Achtung! • Berühre die blanken Metalldrähte nicht, solange sie Teil des Stromkreises sind.

Material B

Drähte und Stromstärke

Draht aus:	Stromstärke
Kupfer	3,64 A
Eisen	0,63 A
Konstantan	0,12 A

9 Gleiche Spannung – verschiedene Stromstärken

1 In einem Versuch werden gleich lange und dicke Drähte aus verschiedenen Stoffen an ein Netzgerät angeschlossen. Es werden unterschiedliche Stromstärken gemessen. → 9

a Sortiere die Drähte nach ihrem Widerstand. Beginne mit dem größten Widerstand.

b Ergänze:
- Der Draht mit der größten Stromstärke hat den ◈ Widerstand.
- Der Draht mit dem größten Widerstand lässt den ◈ Strom zu.

Wovon hängt der Widerstand ab?

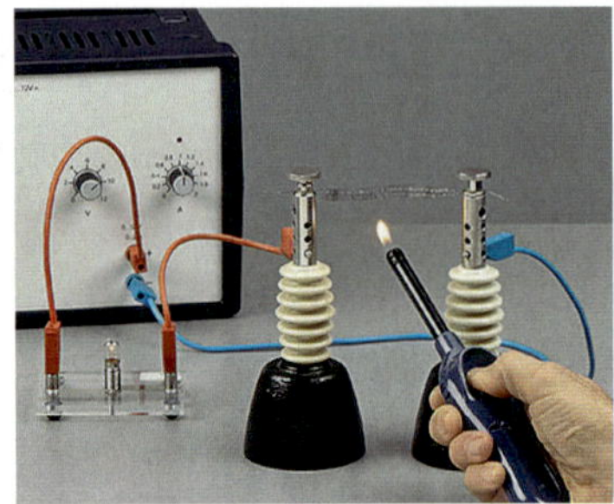

1 Die Glühlampe wird abgedunkelt – mit einer Flamme!

Materialien zur Erarbeitung: A–B

Der Draht wird heiß – die Lampe wird dunkel. Der Widerstand des Drahts hat sich verändert. Wovon hängt er ab?

Temperatur • Je wärmer ein Draht ist, desto größer ist in der Regel sein Widerstand. → 2 Wir erklären dieses Verhalten mit dem Teilchenmodell: Bei steigender Temperatur bewegen sich die positiven Restatome im Draht stärker an ihren Plätzen hin und her, sodass die strömenden negativen Elektronen häufiger gegen sie stoßen. Stelle dir vor, dass dein Gegenspieler beim Fußball nicht nur einfach dasteht, sondern sich rasch hin- und herbewegt. Dann wird es schwerer, an ihm vorbeizukommen.
Nur bei Konstantan hängt der Widerstand nicht von der Temperatur ab.

Länge • Je länger ein Draht ist, desto größer ist sein Widerstand. → 2
Auf ihrem Weg durch den langen Draht stoßen die Elektronen viel häufiger gegen Restatome als im kurzen Draht.

Dicke • Je dünner ein Draht ist, desto größer ist sein Widerstand. → 2 Wir stellen uns vor, dass die Elektronen im dünnen Draht nur wenig Platz haben, um gleichzeitig durchzukommen.

Material • Kupfer hat nur einen geringen Widerstand. Deshalb benutzt man es oft für elektrische Leitungen. Die meisten anderen Metalle haben einen größeren Widerstand. → 3
Kunststoffe und andere Isolatoren haben einen besonders hohen Widerstand. Das liegt aber nicht daran, dass die Restatome in den Isolatoren besonders unregelmäßig verteilt sind. In den Isolatoren gibt es so wenig freie Elektronen, dass praktisch kein Elektronenstrom möglich ist.

Der Widerstand eines Drahts hängt vom Material ab.
Der Widerstand ist umso größer:
- je länger der Draht ist.
- je dünner der Draht ist.
- je höher die Temperatur ist.

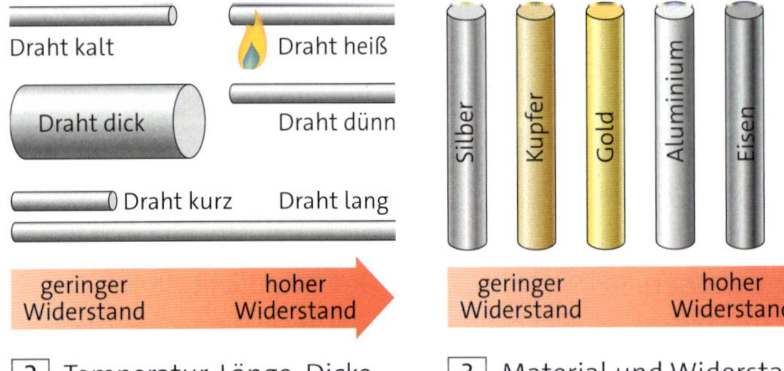

2 Temperatur, Länge, Dicke

3 Material und Widerstand

Aufgabe

1 Bilde Sätze zu Bild 2 nach folgendem Muster: „Je länger der Draht ist, desto ◇ ist sein Widerstand und desto ◇ leitet der Draht."

Material A

Widerstand beim Erwärmen und Abkühlen

Materialliste: Drähte (0,5 m lang, 0,2 mm dick) aus Eisen und Konstantan, Bleistiftmine, Messgerät (Widerstand), 2 Tonnenfüße, 2 Isolierstäbe, Kabel, Abgreifklemmen, Föhn, Eisspray oder Kühlpack

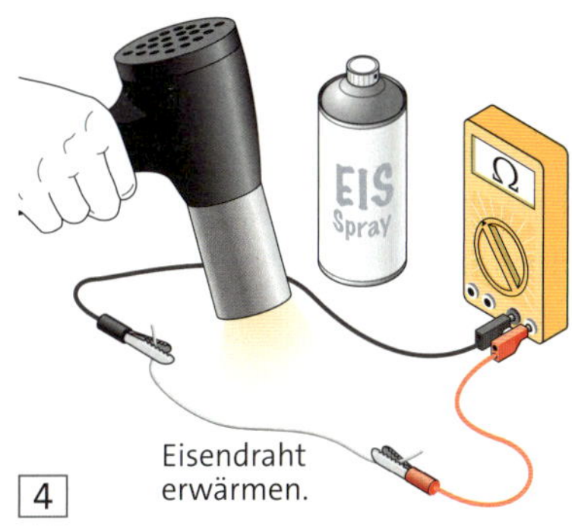

4

1 Wie verändert sich der Widerstand von Gegenständen, wenn sie erwärmt oder abgekühlt werden?

a Miss nacheinander den Widerstand der Drähte und der Bleistiftmine. → 4 Lege eine Tabelle an. → 5 Notiere die Messwerte unter „bei Raumtemperatur".

b Erwärme mit dem Föhn. Miss den Widerstand der Drähte und der Mine. Trage in die Tabelle ein, wie sich der Widerstand bei Erwärmung verändert: wird größer, wird kleiner, bleibt gleich.

c Kühle mit dem Eisspray. Miss wieder den Widerstand. Ergänze die Tabelle.

d Vergleiche, wie sich der Widerstand der Gegenstände beim Erwärmen und beim Abkühlen verhält.

Gegenstand	Widerstand		
	bei Raumtemperatur	bei Erwärmung	bei Abkühlung
Eisendraht	? Ω	?	?
Konstantandraht	? Ω	?	?
Bleistiftmine	? Ω	?	?

5 Beispieltabelle: Widerstand beim Erwärmen und Abkühlen

Material B →

Widerstand – Länge und Durchmesser von Drähten

Materialliste: Konstantandrähte (100 cm lang; 0,2/0,3/0,4 mm dick), 2 Tonnenfüße, 2 Isolierstäbe, Messgerät (Widerstand), Kabel, Abgreifklemmen

1 Wie hängt der Widerstand eines Konstantandrahts von seiner Länge ab?

a Stelle eine Vermutung an.

b Plane einen Versuch, um die Abhängigkeit zu untersuchen. → Methode „Wie plane ich einen Versuch?", S. 58

c Lass die Planung von der Lehrkraft überprüfen. Wenn alles in Ordnung ist, dann führe den Versuch durch.

d Vergleiche, ob der Versuch die Vermutung bestätigt.

2 Vermute und untersuche, wie der Widerstand von der Dicke des Drahts abhängt.

Material C

Der Heizdraht

1 Im eingeschalteten Toaster ist der Heizdraht glühend heiß. → 6 Erkläre mit einer Modellvorstellung, warum der Draht heiß wird.

6 Glühender Heizdraht

Wovon hängt der Widerstand ab?

Methode

Wie plane ich einen Versuch?

„Wovon hängt der Widerstand eines Drahts ab?“ Solche Fragen werden in der Physik oft gestellt. Der erste Schritt auf dem Weg zur Antwort ist eine Vermutung: „Der elektrische Widerstand eines Drahts hängt vom Material, von der Länge, der Dicke und der Temperatur ab.“
Die Vermutung muss überprüft werden. Das geschieht mit einem Versuch. Er muss gut geplant sein:

1. Schreibe die Vermutung genau auf Beschränke dich in deinem Versuch auf nur einen Zusammenhang.
Beispiel: „Je länger ein Draht ist, desto größer ist sein elektrischer Widerstand.“

2. Skizziere deine Versuchsidee Jetzt brauchst du eine Idee, wie du den Zusammenhang untersuchen kannst. Zeichne sie als Skizze auf. → 1
Gib die benötigten Materialien und Messgeräte an. Die Skizze hilft dir, den Versuchsablauf zu verstehen und den Versuch richtig aufzubauen.

Materialliste:
- *2 Tonnenfüße mit Isolierstäben*
- *langer Eisendraht (30 cm)*
- *schwarzes Kabel mit Abgreifklemme*
- *rotes Kabel mit Stecker*
- *Messgerät (Widerstand)*
- *Lineal*

0 15 30 cm
Eisendraht
Ω

1 Versuchsskizze: Länge und Widerstand des Drahts

3. Plane die Durchführung Beschreibe genau, wie der Versuch durchgeführt werden soll. Verändere nur eine physikalische Größe!
Die folgenden Fragen können dir bei der Planung helfen:
- Welche Größen werden gemessen?
  Beispiel: Länge des Drahts, Widerstand
- Welche Größe wird verändert?
  Beispiel: Länge des Drahts
- Welche Größen müssen gleich bleiben?
  Beispiel: Material, Dicke und Temperatur des Drahts
- Welche Messgeräte werden benutzt?
  Beispiel: Lineal, Messgerät (Widerstand)
- In welchen Abständen wird gemessen?
  Beispiel: Widerstand bei 5 cm, 10 cm, 15 cm ... Drahtlänge messen
- Wie groß sind die Messbereiche?
  Beispiel: Der Draht ist 30 cm lang. Beim Messgerät (Widerstand) wird zunächst der größte Messbereich eingestellt. Wenn sich der Messbereich im Versuch als zu groß herausstellt, muss er verringert werden.

4. Verteile die Aufgaben Wenn ihr den Versuch in einer Gruppe durchführt, müsst ihr euch vorher absprechen:
- Wer besorgt das Material?
- Wer baut den Versuch auf (und wieder ab)?
- Wer misst?
- Wer schreibt das Protokoll?

Nun ist die Planung abgeschlossen.
Der Versuch kann beginnen.

guxuxi

Tipps

Aufgaben

1 Merles Planung für einen Versuch ist nicht vollständig. → 2

a Beschreibe, was in der Skizze fehlt.

b In der Durchführung ist eine Angabe überflüssig. Nenne sie.

c Vervollständige die Skizze und die Durchführung in deinem Heft.

2 Michael kann aus seinen Messwerten nicht ablesen, ob seine Vermutung stimmt. → 3

a Beschreibe, was Michael ändern muss, damit er seine Vermutung überprüfen kann.

b Teile Michaels Vermutung in zwei Vermutungen auf.

c Plane einen Versuch, um eine dieser Vermutungen zu überprüfen.

Vermutung: Je dicker der Draht ist, desto kleiner ist sein Widerstand.

Versuchsskizze:

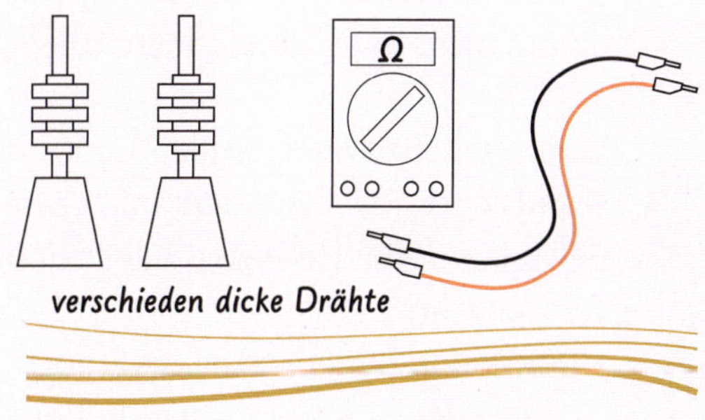

Durchführung: Ich spanne erst einmal den dünnsten Draht zwischen den Isolierstäben ein. Beim Widerstandsmessgerät stelle ich den größten Messbereich ein. Dann schalte ich das Messgerät ein. Ich messe den Widerstand des Drahts. Wenn der Messwert sehr klein ist, schalte ich auf den nächstkleineren Messbereich um. Ich notiere den Messwert.
Dann ...

2 Merles Versuchsplanung

Vermutung: Der Widerstand eines Drahts hängt von der Länge und vom Material ab.

Versuchsskizze:

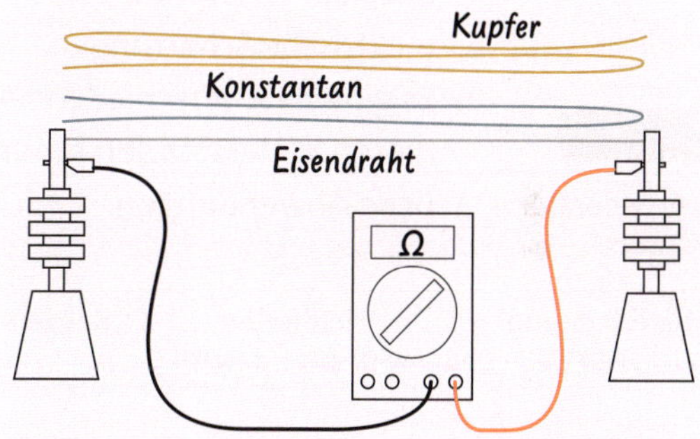

Durchführung: Ich messe den Widerstand bei verschieden langen Drähten aus unterschiedlichen Materialien.

Messwerte:

Messung	Länge	Material	Widerstand
1	1 m	Eisen	2 Ω
2	2 m	Konstantan	8 Ω
3	3 m	Kupfer	2 Ω

3 Michaels Versuch

Widerstand, Spannung und Stromstärke

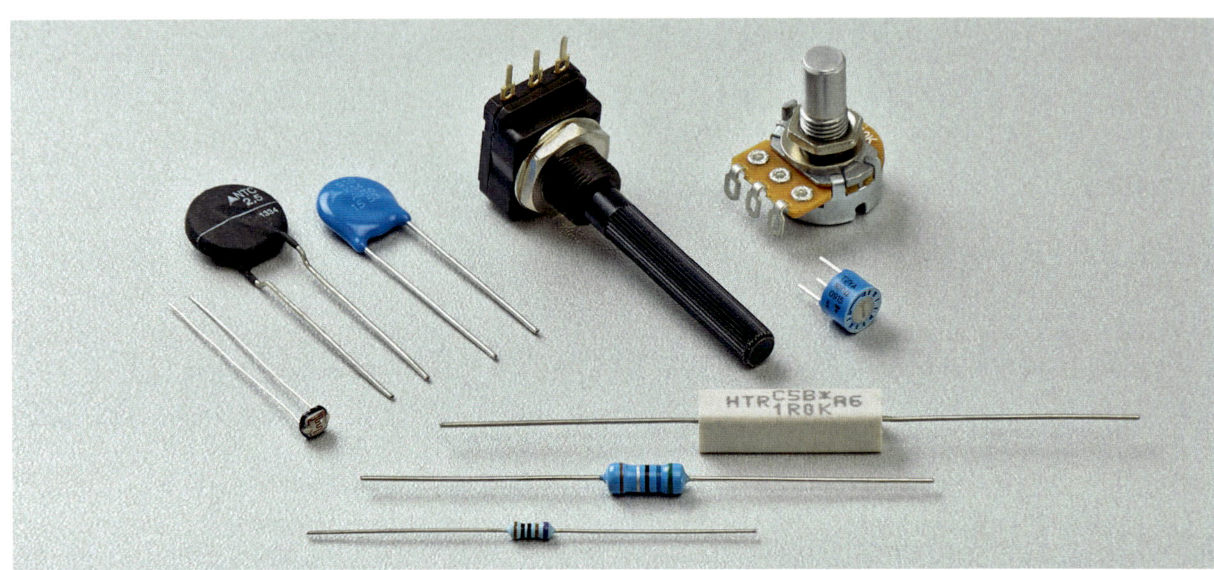

1 Viele Widerstände mit verschiedenen Eigenschaften

Material zur Erarbeitung: A

Schaltzeichen:

2 Festwiderstand

Als Widerstand bezeichnet man nicht nur eine physikalische Größe, sondern auch ein weitverbreitetes Bauteil für elektrische Schaltungen. Es gibt viele verschiedene Arten von diesen Widerständen für unterschiedliche Anwendungen.

Festwiderstände • Ihr Widerstandswert (in Ω) bleibt immer „fest“. Sie bestehen aus einer dünnen leitenden Schicht auf einem nicht leitenden Stäbchen. → 2

Veränderliche Widerstände • Ihr Widerstandswert (in Ω) verändert sich zum Beispiel mit der Helligkeit oder mit der Temperatur:

- Der Widerstandswert eines Fotowiderstands sinkt, wenn es heller wird. Man spricht von einem LDR (engl. light dependent resistor). → 3
- Der Widerstandswert eines Heißleiters sinkt, wenn die Temperatur steigt. Man spricht von einem NTC-Widerstand (engl. negative temperature coefficient). → 3 →
- Der Widerstandswert eines Kaltleiters steigt, wenn die Temperatur steigt. Man spricht von einem PTC-Widerstand (engl. positive temperature coefficient). → 3 →

Fotowiderstand (LDR)	Heißleiterwiderstand (NTC)	Kaltleiterwiderstand (PTC)
	ϑ	ϑ
Beleuchtung nimmt zu. → Widerstandswert nimmt ab. Lichtempfindlich ist eine dünne Schicht aus Bleisulfid oder Cadmiumsulfid.	Temperatur nimmt zu. → Widerstandswert nimmt ab. Der griechische Buchstabe ϑ (Theta) steht für Temperatur.	Temperatur nimmt zu. → Widerstandswert nimmt zu.

3 Veränderliche Widerstände

senani

Simulation
Lexikon
Tipps

der **Widerstand**
der **Festwiderstand**

Spannung und Stromstärke am Festwiderstand • Festwiderstände werden in vielen Schaltungen verwendet. Wenn man die Spannung kennt, kann man einfach berechnen, welche Stromstärke die Bauteile zulassen. Bei Festwiderständen gilt: „Doppelte Spannung → doppelte Stromstärke". → 4 Die Stromstärke ist direkt proportional zur Spannung. Die Messkurve im Diagramm ist eine Gerade. Wenn man die Spannung durch die Stromstärke teilt, dann ergibt sich immer derselbe Wert: $\frac{U}{I} = 1000\,\frac{\text{V}}{\text{A}}$.
Wenn man den Widerstandswert des Bauteils misst, dann erhält man den gleichen Zahlenwert:
$R = 1000\,\Omega$!
Das ist kein Zufall, denn der elektrische Widerstand ist so festgelegt:

$$\text{Widerstand} = \frac{\text{Spannung}}{\text{Stromstärke}}$$

$$R = \frac{U}{I};\ 1\,\Omega = 1\,\frac{\text{V}}{\text{A}}$$

Bei dem Bauteil von Bild 4 bleibt der Widerstand R immer (nahezu) gleich.

Spannung und Stromstärke an der Glühlampe • Wenn man die Spannung an einer Glühlampe erhöht, beginnt sie zu leuchten und wird immer heller. Je größer die Spannung ist, desto größer ist die Stromstärke. → 5 Es gilt aber nicht „doppelte Spannung → doppelte Stromstärke". Die Stromstärke wächst mit zunehmender Spannung immer langsamer an. Die Messkurve wird immer flacher. Die Stromstärke ist nicht direkt proportional zur Spannung.

***U* in V**	1,0	2,0	4,0	6,0
***I* in mA**	1,0	2,0	4,0	6,0

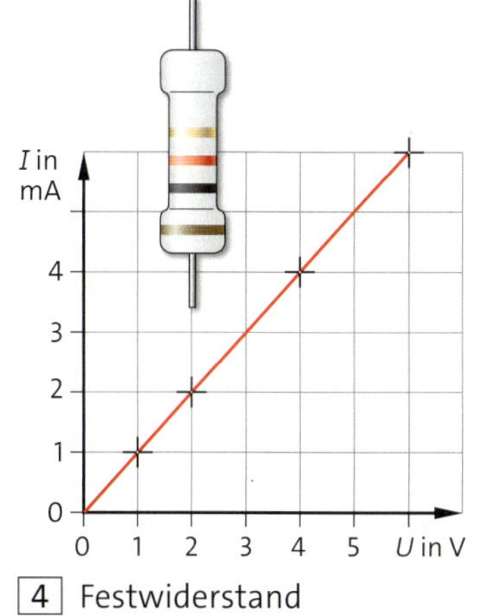

4 Festwiderstand

***U* in V**	1,0	2,0	4,0	6,0
***I* in A**	0,1	0,2	0,3	0,4

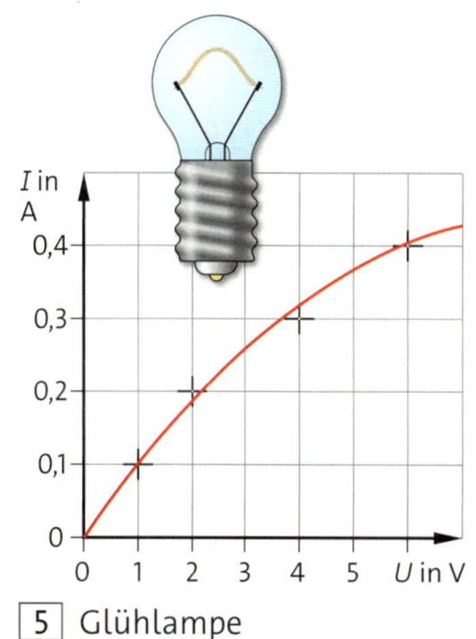

5 Glühlampe

Aufgaben

1 Nenne zwei verschiedene Arten von Widerständen.

2 Gib jeweils für Heißleiter und Kaltleiter an, wie sich der Widerstand R bei sinkender und steigender Temperatur verändert. → 3

3 Vergleiche das Verhalten der Widerstandsbauteile bei äußeren Veränderungen. → 2 3 Fertige eine Tabelle an.

4 Am Festwiderstand liegt eine Spannung von 10 V an. → 4 Gib die Stromstärke an.

5 Berechne den Widerstand R der Glühlampe bei den vier Messungen. → 5 Beschreibe, wie sich der Widerstandswert mit zunehmender Stromstärke verändert.

Widerstand, Spannung und Stromstärke

Material A →

Spannung und Stromstärke

Wenn die elektrische Spannung an einem Draht erhöht wird, dann steigt auch die Stromstärke im Draht an. Überprüfe, ob dabei der folgende Zusammenhang gilt:

- Doppelte Spannung → doppelte Stromstärke.
- Dreifache Spannung → dreifache Stromstärke.

Materialliste: Netzgerät (6 V), Drähte (mindestens 0,50 m lang, maximal 0,2 mm dick) aus Konstantan und Eisen, Bleistiftmine, 2 Tonnenfüße, 2 Isolierstäbe, 2 Messgeräte (Stromstärke, Spannung), Kabel

Achtung! • Blanke Drähte und die Bleistiftmine nicht berühren, solange sie Teil des Stromkreises sind.

1 Stromstärke und Spannung am Draht messen

1 Konstantandraht

a Baue die Schaltung auf. → 1

b Erhöhe am Netzgerät die Spannung von 0 V auf 6 V in 1-Volt-Schritten. Miss bei jedem Schritt die Spannung U am Draht und die Stromstärke I. Trage die Messwerte in eine geeignete Tabelle ein.

c Vergleiche anhand mehrerer Messwerte, ob die Vermutung für den Konstantandraht zutrifft.

d Trage die Messwerte in ein Diagramm ein (waagerechte Achse: Spannung, senkrechte Achse: Stromstärke). Zeichne die Messkurve.

2 Wiederhole den Versuch:

a mit dem Eisendraht

b mit der Bleistiftmine

Material B

R, *U*, *I* berechnen

Festwiderstand	A	B	C
U in V	12	?	1,5
I in A	0,18	1,28	?
R in Ω	?	180	1000

2 Messwerte für Festwiderstände

1 Ergänze die Tabelle. → 2

a Berechne den Widerstandswert R von Festwiderstand A.

b Berechne die Spannung U am Festwiderstand B. Tipp: Löse $R = \frac{U}{I}$ nach U auf. Du kannst auch das Hilfsdreieck benutzen. → 3

c Berechne die Stromstärke I im Festwiderstand C. Tipp: Löse $R = \frac{U}{I}$ nach I auf.

3 Decke die gesuchte Größe ab.

Versuchsvideo
Tipps

Material C

Messungen an technischen Widerständen

Materialliste: Messgerät (Widerstand), verschiedene Festwiderstände, Fotowiderstand (LDR), Heißleiter (NTC), Kaltleiter (PTC), Kabel, Abgreifklemmen, Föhn

1 Festwiderstände

a Miss und notiere jeweils den Widerstandswert (in Ω).

b Erwärme einen Festwiderstand mit dem Föhn. → 4 Miss und notiere dabei mehrmals den Widerstandswert. Vergleiche mit dem Widerstandswert des kalten Festwiderstands.

2 Fotowiderstand (LDR)

a Miss den Widerstandswert:
- LDR beleuchtet
- LDR abgedunkelt

b Gib an, ob der Widerstandswert im Hellen oder im Dunkeln größer ist.

c Überlege und beschreibe, wozu man den Fotowiderstand verwenden könnte.

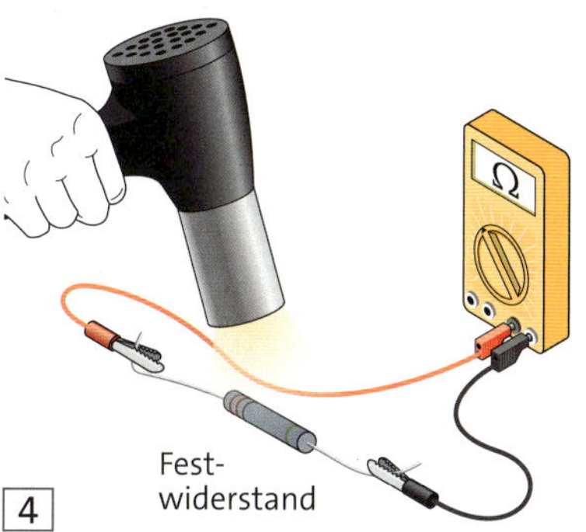

4

3 Heißleiter (NTC)

a Miss den Widerstandswert:
- NTC bei Raumtemperatur
- NTC bei höherer Temperatur (mit Föhn erwärmen)

b Gib an, wie sich der Widerstandswert beim Erwärmen verändert.

c Überlege und beschreibe, wozu man den Heißleiter verwenden könnte. Finde mehrere Möglichkeiten.

4 Kaltleiter (PTC)

a Führe den Versuch und die Messung wie beim Heißleiter durch.

b Überlege und beschreibe, wozu man den Kaltleiter verwenden könnte.

Material D

Der Heißleiter als Sensor

1 Dieses Fieberthermometer hat in seiner Spitze einen Heißleiter (NTC). → 5 Sein Widerstand ist umso geringer, je höher die Temperatur ist. → 6 Ein kleiner Computer rechnet den gemessenen Widerstand mithilfe der Kennlinie des Heißleiters in Grad Celsius um. Das Display des Thermometers zeigt diesen Wert an.

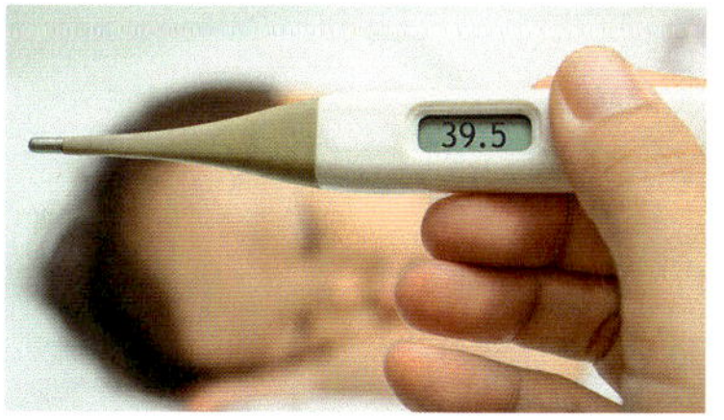

5 Elektronisches Fieberthermometer

a Lies den Widerstand des Heißleiters bei 0 °C ab. → 6

b Der Widerstand beträgt 5 kΩ. Lies ab, wie hoch die Temperatur ist. → 6

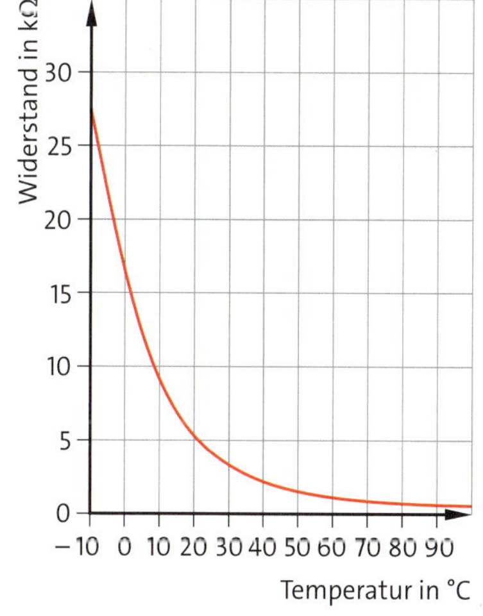

6 Kennlinie des Heißleiters

Elektrizität verstehen

Zusammenfassung

Elektrisch geladen • Gegenstände können elektrisch positiv (+) oder negativ (–) geladen sein. Bei gleichartiger Ladung stoßen sie sich ab, bei ungleichartiger Ladung ziehen sie sich an. → 1 2

Kern-Hülle-Modell • Ein Atom besteht aus Atomkern und Atomhülle. → 3 Der Kern enthält positiv geladene Teilchen (Protonen). Die Hülle bilden negativ geladene Teilchen (Elektronen).

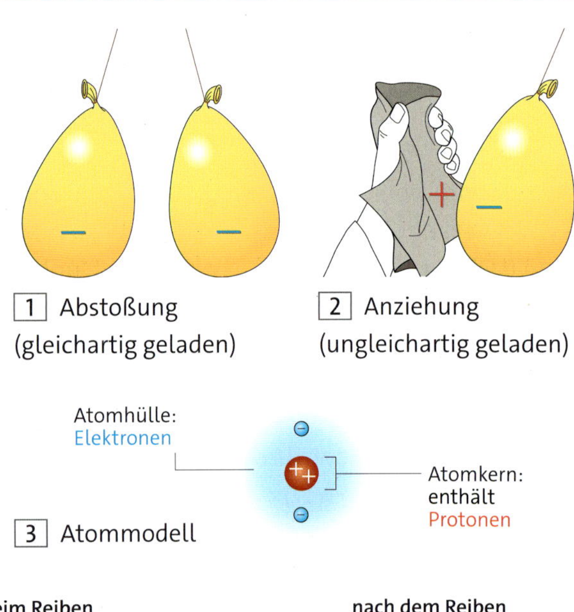

1 Abstoßung (gleichartig geladen)

2 Anziehung (ungleichartig geladen)

3 Atommodell

Aufladen • Ein ungeladener Gegenstand enthält neben Atomen ebenso viele positive Restatome wie negative Elektronen. Durch Abgabe oder Aufnahme von Elektronen wird er aufgeladen. → 4

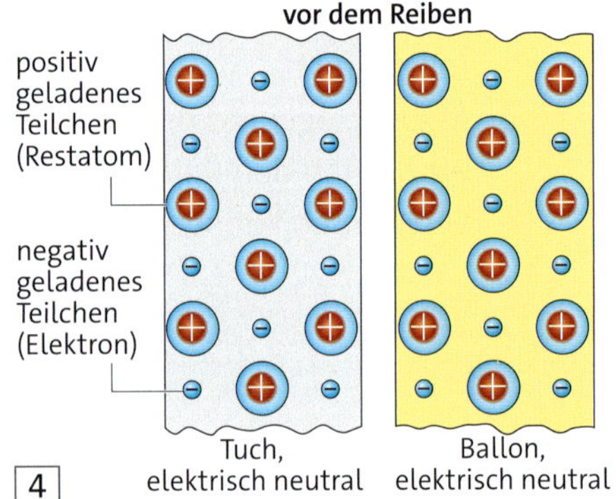

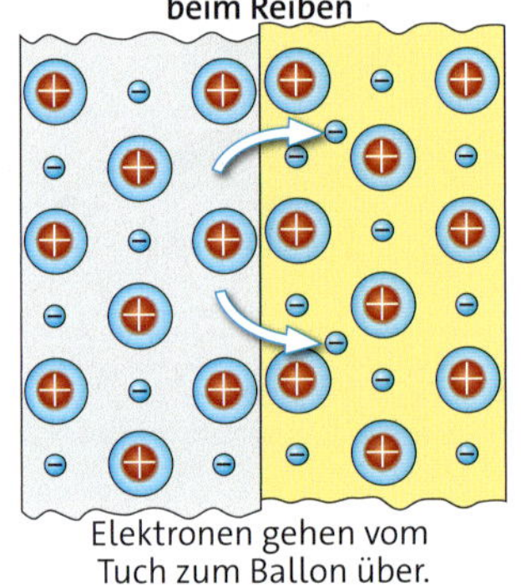

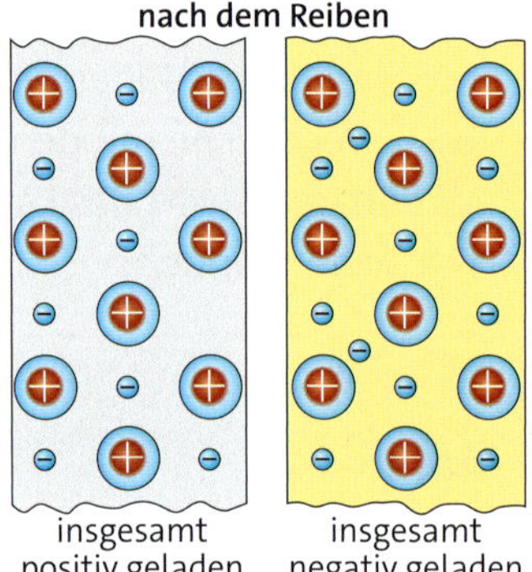

4

Elektrisches Feld • In der Umgebung eines elektrisch geladenen Körpers stellt man anziehende und abstoßende Wirkungen fest. Die Wirkungen werden mit größerer Entfernung zum geladenen Körper schwächer. → 5

5

Energietransport • Elektrische Energie wird in Stromkreisen transportiert. In den Kabeln strömen Elektronen. Sie werden von der elektrischen Energiequelle angetrieben und transportieren Energie von der Quelle zum Gerät. → 6

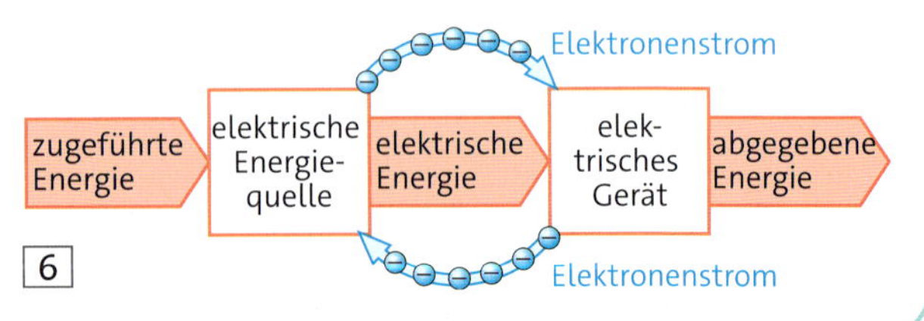

6

Elektrische Stromstärke • Je mehr Elektronen und somit negative Ladung pro Sekunde an einer Stelle des Stromkreises vorbeiströmen, desto größer ist die Stromstärke. → 7
Das Messgerät wird in Reihe eingebaut. → 8
Einheit: 1 Ampere (1 A)
Im einfachen Stromkreis ist die Stromstärke überall gleich groß. → 8
Je größer die Stromstärke ist, desto mehr elektrische Energie wird pro Sekunde zum Gerät transportiert (bei gleicher Spannung).

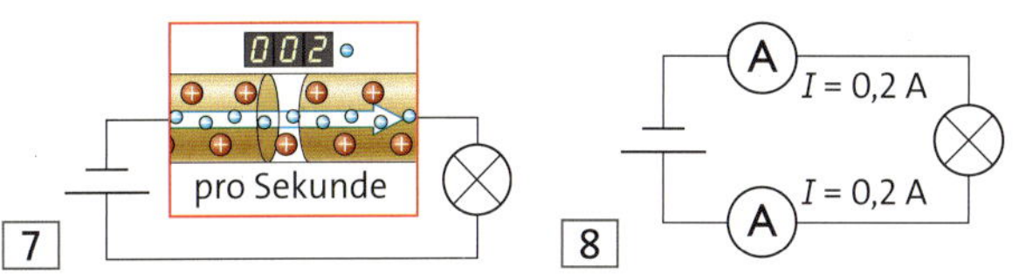

7
8

Elektrische Spannung • Die Spannung gibt an, wie viel Energie pro Elektron und somit pro negativer Ladung transportiert wird.

Das Messgerät wird parallel angeschlossen. → 9
Einheit: 1 Volt (1 V)
Im einfachen Stromkreis ist die Spannung am Gerät genauso groß wie an der Quelle. → 9
Je größer die Spannung ist, desto mehr elektrische Energie wird pro Sekunde zum Gerät transportiert (bei gleicher Stromstärke).

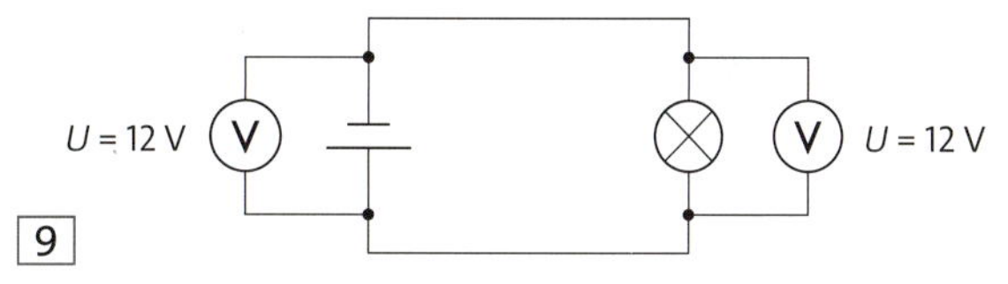

9

Reihenschaltungen • In Reihenschaltungen von elektrischen Energiequellen summieren sich die Spannungen: $U_{gesamt} = U_1 + U_2$. → 10
Bei Geräten teilt sich die Spannung auf:
$U_{Quelle} = U_1 + U_2$. → 11
Die Stromstärke ist in jedem Gerät gleich groß.

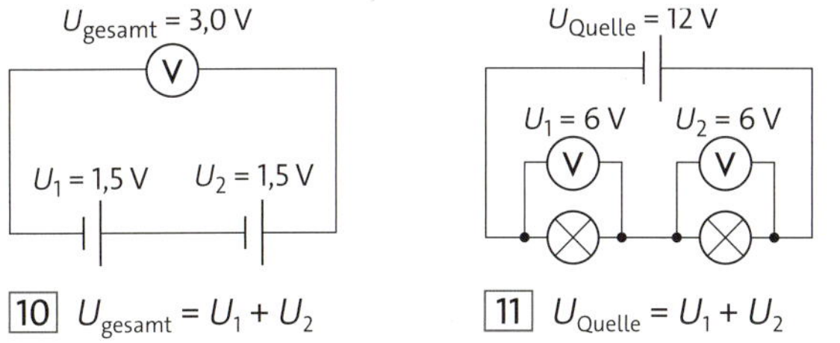

10 $U_{gesamt} = U_1 + U_2$
11 $U_{Quelle} = U_1 + U_2$

Parallelschaltung im Haushalt • Die Steckdosen im Haushalt oder die Lampen am Fahrrad sind parallel geschaltet. In Parallelschaltungen summieren sich die Stromstärken:
$I_{gesamt} = I_1 + I_2$. → 12
Die Spannung ist an jedem Gerät gleich groß.

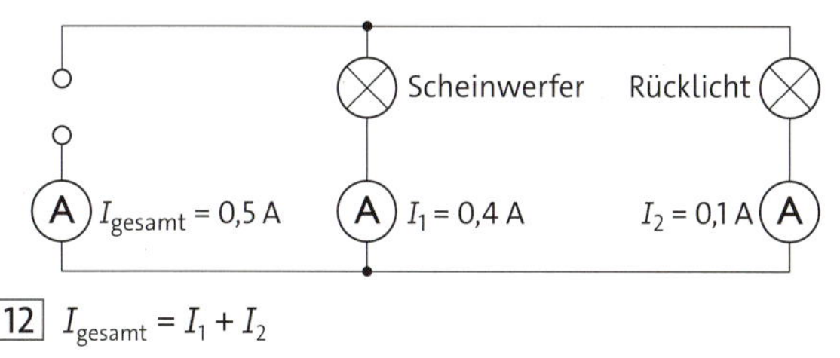

12 $I_{gesamt} = I_1 + I_2$

Schutzmaßnahmen im Stromnetz • Sicherungen schützen elektrische Anlagen vor zu großer Stromstärke. → 13
Schutzleiter und Fehlerstromschutzschalter schützen den Menschen vor Elektrounfällen.

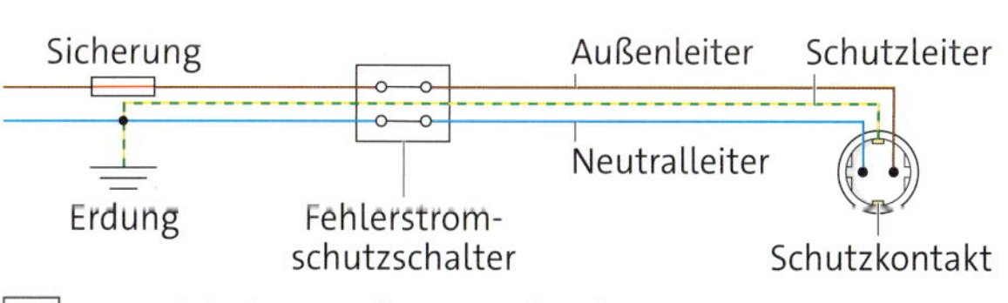

13 Verschiedene Schutzmaßnahmen

Elektrizität verstehen

Zusammenfassung

Elektronenstrom mit Hindernissen • Drähte lassen den Elektronenstrom nicht ungehindert durch. Sie haben einen elektrischen Widerstand. → 1 2 Je schlechter ein Draht leitet, desto größer ist sein Widerstand.

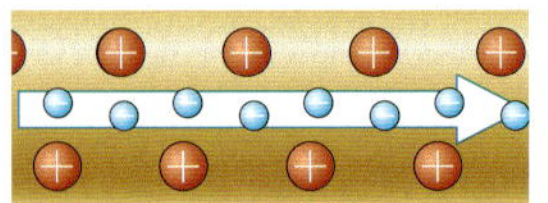

1 Kupferdraht: Widerstand klein

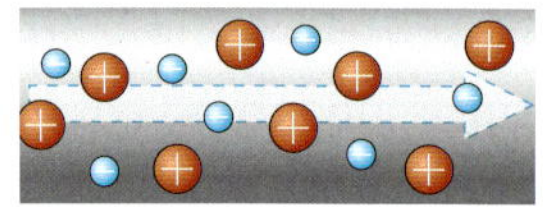

2 Konstantandraht: Widerstand größer

Wovon hängt der Widerstand ab?
Der Widerstand eines Drahts hängt vom Material ab. → 3
Der Widerstand eines Drahts ist umso größer:
- je länger der Draht ist. → 4
- je dünner der Draht ist. → 4
- je höher die Temperatur ist. → 4
  Nur bei Festwiderständen hängt der Widerstandswert nicht von der Temperatur ab.

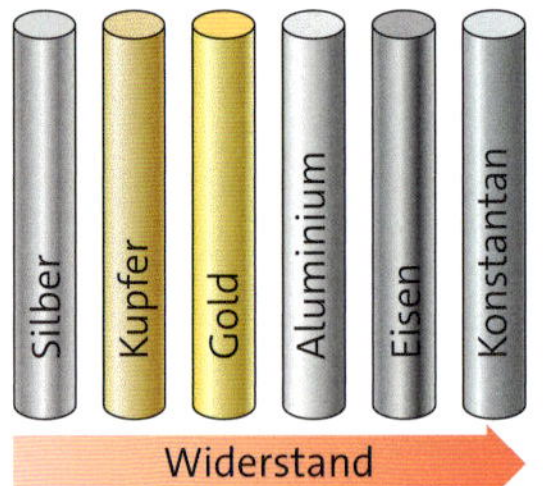

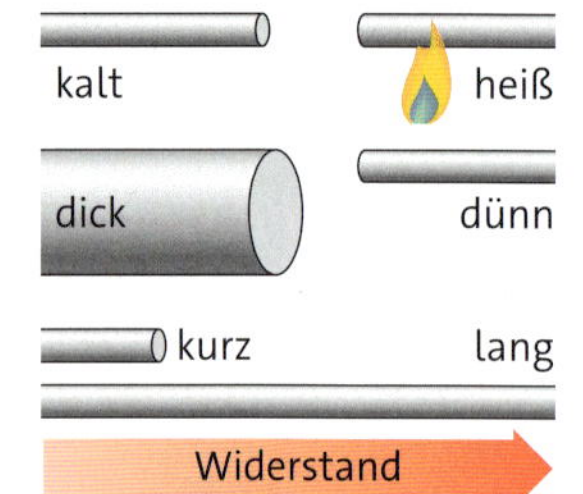

3 4 Abhängigkeit des Widerstands von Material, Temperatur, Dicke und Länge des Drahts

Widerstand, Spannung und Stromstärke • Der Widerstand R eines Bauteils ist festgelegt als Quotient aus der angelegten Spannung U und der Stromstärke I, die dadurch bewirkt wird:

$$\text{Widerstand} = \frac{\text{Spannung}}{\text{Stromstärke}};\ R = \frac{U}{I};\ 1\,\Omega = 1\,\frac{\text{V}}{\text{A}}.$$

Festwiderstände haben einen konstanten Widerstand R. → 5 Im U-I-Diagramm ist die Messkurve eines Festwiderstands eine Gerade, die im Ursprung beginnt. → 6 Die Stromstärke ist direkt proportional zur Spannung.
Bei anderen Widerstandsbauteilen als Festwiderständen lässt sich der Widerstandswert von außen beeinflussen:
- Bei Fotowiderständen (LDR) wird der Widerstand R kleiner, wenn sie heller beleuchtet werden. → 7
- Bei Heißleitern (NTC) wird der Widerstand R kleiner, wenn die Temperatur steigt. → 8
- Bei Kaltleitern (PTC) wird der Widerstand R größer, wenn die Temperatur steigt. → 9

Schaltzeichen:

5 Festwiderstand

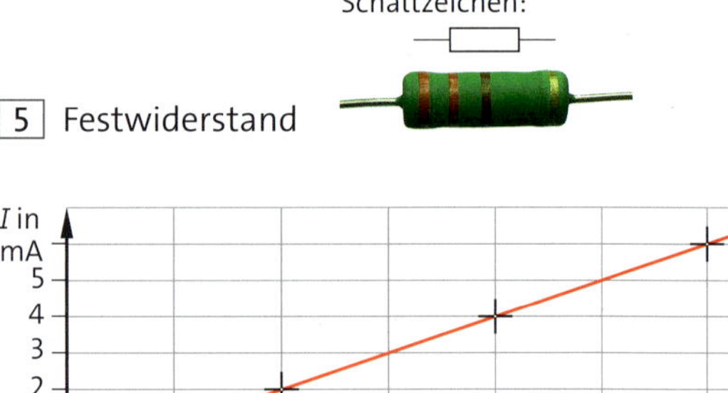

6 Festwiderstand: $I \sim U$

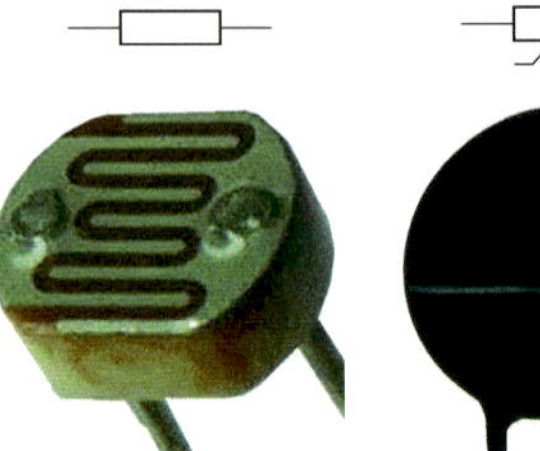

7 Fotowiderstand

8 Heißleiterwiderstand

9 Kaltleiterwiderstand

Teste dich!

Elektrisch geladen

1 Beschreibe, wie sich ungleichartig geladene Körper zueinander verhalten.

2 Beschreibe, wie du zwei Luftballons elektrisch gleichartig aufladen kannst.

3 Ladungsausgleich
a Beschreibe, woran man einen Ladungsausgleich erkennen kann.
b Erkläre, was man unter dem Begriff Ladungsausgleich versteht.

4 Wie unterscheidet sich ein elektrisch negativ geladener Gegenstand von einem ungeladenen Gegenstand? Beschreibe es mit einer Modellvorstellung.

5 Positiv geladene Teilchen können sich in Metallen und vielen festen Stoffen nicht von ihrem Platz fortbewegen. Trotzdem können Gegenstände aus diesen Stoffen positiv geladen sein.
Erkläre dies mit einer Modellvorstellung.

Elektrisches Feld

6 Beschreibe, was man unter einem elektrischen Feld versteht.

7 Gib an, wie die Ausdehnung eines elektrischen Felds bestimmt werden kann.

8 Beschreibe, wie sich ein elektrisches Feld von einem Magnetfeld unterscheidet.

So wird elektrische Energie transportiert

9 Vergleiche die Energieübertragung im Kreislauf „Heizung" mit der Energieübertragung im Stromkreis. → 10 Stelle dazu in einer Tabelle die Bauteile der Heizungsanlage den Bauteilen des Stromkreises gegenüber. Beschreibe jeweils die Aufgabe der Teile.

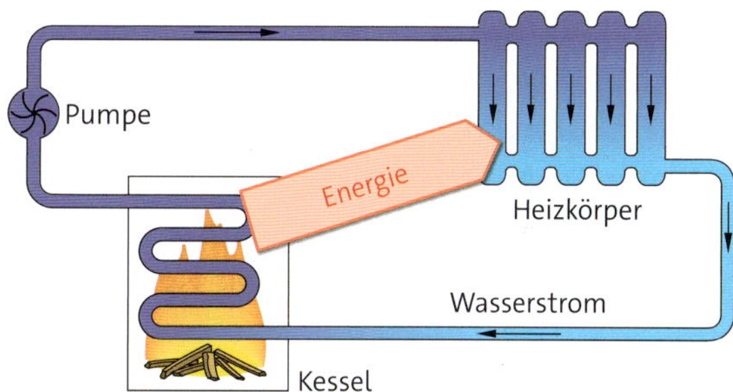

10 Heizkreislauf

10 Solarzellen als elektrische Energiequelle versorgen die Motoren des Solarschiffs mit elektrischer Energie. → 11

11 Solarschiff

a Zeichne einen Stromkreis mit einem Motor und einer Solarzelle. → 12
b Zeichne die Energiekette.

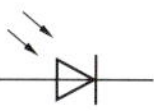

12 Solarzelle (Schaltzeichen)

Elektrizität verstehen

Teste dich!

Elektrische Stromstärke

11 Elektrische Stromkreise übertragen Energie. Ergänze den Zusammenhang:
„Bei gleicher elektrischer Energiequelle gilt: Je größer die ⟨?⟩, desto ⟨?⟩."

12 In einem einfachen Stromkreis ist die Stromstärke vor und nach einem Elektrogerät gleich groß. Erkläre diese Beobachtung.

13 Ein Stromkreis besteht aus Netzgerät, Motor, Schalter und Kabeln.
- a Beschreibe, wie du die Stromstärke misst.
- b Zeichne den Schaltplan mit Messgerät.

14 „Meine Taschenlampe verbraucht Strom." Bewerte diese Aussage.

Elektrische Spannung

15 Ein Stromkreis besteht aus Generator, Glühlampe, Schalter und Kabeln.
- a Beschreibe, wie du die Spannung am Generator misst.
- b Zeichne den Schaltplan mit dem Messgerät.

16 Eine Campinglampe braucht eine Spannung von 12 V.
- a Gib an, mit wie vielen Batterien (1,5 V) man diese Spannung erreichen kann.
- b Zeichne, wie die Batterien geschaltet sind.

17 Eine Lichterkette für das Wohnmobil hat 10 Lampen in einer Reihenschaltung. Sie ist an die Autobatterie (12 V) angeschlossen. Berechne die Spannungen an den Lampen.

Parallelschaltung im Haushalt

18 Die Fahrradbeleuchtung ist eine Parallelschaltung. Die Scheinwerferlampe benötigt 0,4 A, das Rücklicht 0,1 A. Der Dynamo liefert eine Spannung von 6 V.
- a Zeichne den Stromkreis. (Schaltzeichen für den Dynamo: siehe Anhang)
- b Berechne die Stromstärke im Zuleitungskabel am Dynamo.
- c Gib an, welche Spannung an jeder Lampe gemessen wird.

19 Drei gleiche Glühlampen werden parallel an ein Netzgerät angeschlossen.
- a Zeichne den Schaltplan und markiere die einzelnen Stromkreise mit verschiedenen Farben.
- b In der gemeinsamen Zuleitung beträgt die Stromstärke 1,2 A. Berechne die Stromstärke in jeder Lampe.

Schutzmaßnahmen im Stromnetz

20 Erkläre, wie ein Fehlerstromschutzschalter (FI-Schutzschalter) funktioniert.
→ 1

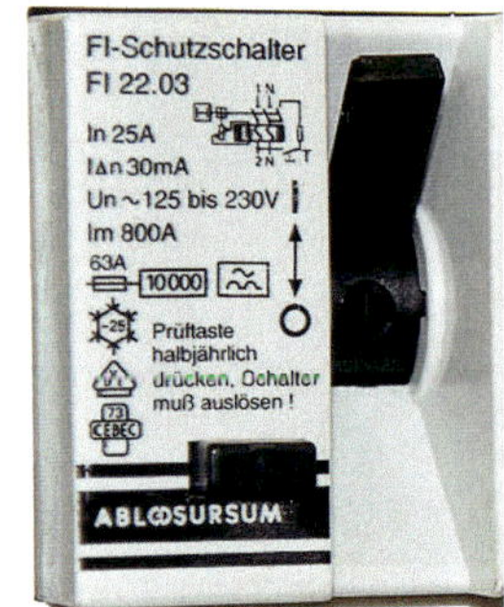

1 FI-Schutzschalter

21 Klara schaltet ihr Bügeleisen ein – und die Sicherung springt heraus.
- a Nenne drei mögliche Ursachen.
- b Beschreibe jeweils, wie es zum Auslösen der Sicherung kommt.

Tipps
Lösungen
Übungen

Elektronenstrom mit Hindernissen

22 Erkläre mithilfe eines Modells, warum Kupfer einen geringeren Widerstand hat als Konstantan.

Wovon hängt der Widerstand ab?

23 Ergänze die folgenden Zusammenhänge (jeweils bei gleicher Spannung):

a An verschiedenen Drähten gilt:
Großer Widerstand → ⟨?⟩ Stromstärke.

b An einem Kupferdraht gilt:
Temperatur nimmt zu. → Widerstand ⟨?⟩.

24 Du hast vier gleich lange Drähte zur Auswahl:
- 2 Eisendrähte, 0,2 mm und 0,4 mm dick
- 2 Kupferdrähte, 0,2 mm und 0,4 mm dick

a Gib den Draht mit dem geringsten Widerstand an.

b Gib den Draht mit dem größten Widerstand an.

c Begründe deine Auswahl.

d An allen Drähten liegt die gleiche Spannung an. Gib an, in welchem Draht die Stromstärke am größten ist. Begründe.

Widerstand, Spannung und Stromstärke

25 Ordne die Tabelle im Heft richtig: → 2

Bauteil	Zusammenhang
Heißleiter	Temperatur ↑ → Widerstand ↑
Fotowiderstand	Temperatur ↑ → Widerstand ↓
Festwiderstand	Beleuchtung ↑ → Widerstand ↓
Kaltleiter	Der Widerstand ändert sich nicht.

2 Verschiedene Widerstandsbauteile

26 An einem Konstantandraht sind Spannung und Stromstärke gemessen worden. → 3

a Ergänze die Tabelle im Heft.

b Berechne den Widerstand *R* des Drahts.

c Trage die Tabellenwerte in ein Diagramm ein und zeichne den Graphen.

U in V	2,0	4,0	6,0	9,0
I in A	0,050	?	?	?

3 Konstantandraht

27 Ein Bügeleisen, eine Kaffeemaschine und ein Toaster sind an Steckdosen angeschlossen. Es werden die folgenden Stromstärken gemessen: Bügeleisen 5,2 A; Kaffeemaschine 2,6 A; Toaster 4,3 A.
Berechne jeweils den Widerstand *R* der Heizdrähte in den eingeschalteten Geräten.

U	10,2 V	9 V	10 V	50 V	?	?
I	20 mA	0,2 A	?	?	25 mA	0,23 A
R	?	?	18 Ω	1 kΩ	180 Ω	1 kΩ

4 *R*, *U* und *I* berechnen

28 Berechne die Werte, die in der Tabelle fehlen. → 4

29 In der Leuchtdiode (LED) darf die Stromstärke höchstens 20 mA betragen. → 5 Um die LED an eine 12-V-Energiequelle anzuschließen, muss ein Festwiderstand in Reihe vorgeschaltet werden. Berechne den Widerstand *R* dieses Bauteils.

5 LED

Anhang

Operatoren

Die meisten Aufgaben in diesem Buch beginnen mit einem Verb:

- **Nenne** Haushaltsgeräte mit Elektromotoren.
- **Beschreibe,** wie du vorgehst.
- **Erkläre,** warum Stromkabel aus mehreren Schichten bestehen.
- **Skizziere** den Aufbau des Stromkreises.
- **Untersuche** die Wirkung von Haartrocknern mit verschiedenen Wattzahlen.
- **Nimm Stellung** zu der Aussage: „Reiben erzeugt elektrische Ladung."

Diese Verben geben an, was du tun sollst.
Sie werden auch Operatoren genannt. → 2

1

Operator	Das sollst du tun:
Nenne Gib an	Notiere Namen oder Begriffe. Verwende Fachwörter.
Beschreibe	Formuliere etwas so genau und ausführlich mit Fachwörtern, dass ein anderer es sich gut vorstellen kann.
Erkläre	Verstehe, wie etwas funktioniert oder aufgebaut ist. Führe die Funktionsweise und den Aufbau auf Regeln und Gesetze zurück.
Begründe	Gib die wichtigen Gründe oder Ursachen an.
Erläutere	Erkläre ausführlich anhand von einem oder mehreren Beispielen.
Vergleiche	Stelle Gemeinsamkeiten und Unterschiede zum Beispiel in einer Tabelle dar.
Skizziere	Fertige ein ganz einfaches Bild an, das auf den ersten Blick verständlich ist.
Zeichne	Gib dir Mühe, ein genaues und vollständiges Bild anzufertigen.
Berechne	Stelle den Rechenweg dar und gib das Ergebnis an.
Ermittle Bestimme	Komme durch eine Rechnung, eine Zeichnung oder einen Versuch zu einem Ergebnis.
Untersuche	Erforsche einen Zusammenhang mit einem oder mehreren Versuchen. Mache dir vorher einen Plan. Führe Protokoll.
Nimm Stellung Bewerte	Entscheide dich, ob du einer Aussage zustimmst oder sie ablehnst. Begründe dann deine Entscheidung. Führe sie auf Regeln und Gesetze zurück.

2 Operatoren im Physikunterricht und ihre Bedeutung

Stichwortverzeichnis

Hinweis: **Fett** gedruckte Begriffe sind Lernwörter.

Tabellen

Größe	Formelzeichen	Einheit		Weitere Einheiten		Beziehungen
Länge	*l*, *s*	Meter	1 m			
Zeit	*t*	Sekunde	1 s	Stunde	1 h	1 h = 3600 s
Temperatur	*T*	Kelvin	1 K	Grad Celsius	1 °C	0 K ≙ −273,15 °C 0 °C ≙ 273,15 K
Energie	*E*	Joule	1 J	Kilowattstunde	1 kWh	1 kWh = 3,6 MJ
Leistung	*P*	Watt	1 W			$1\,W = 1\,\frac{J}{s}$
elektrische Stromstärke	*I*	Ampere	1 A			
elektrische Spannung	*U*	Volt	1 V			$1\,V = 1\,\frac{W}{A}$
elektrischer Widerstand	*R*	Ohm	1 Ω			$1\,\Omega = 1\,\frac{V}{A}$

1 Physikalische Größen und ihre Einheiten

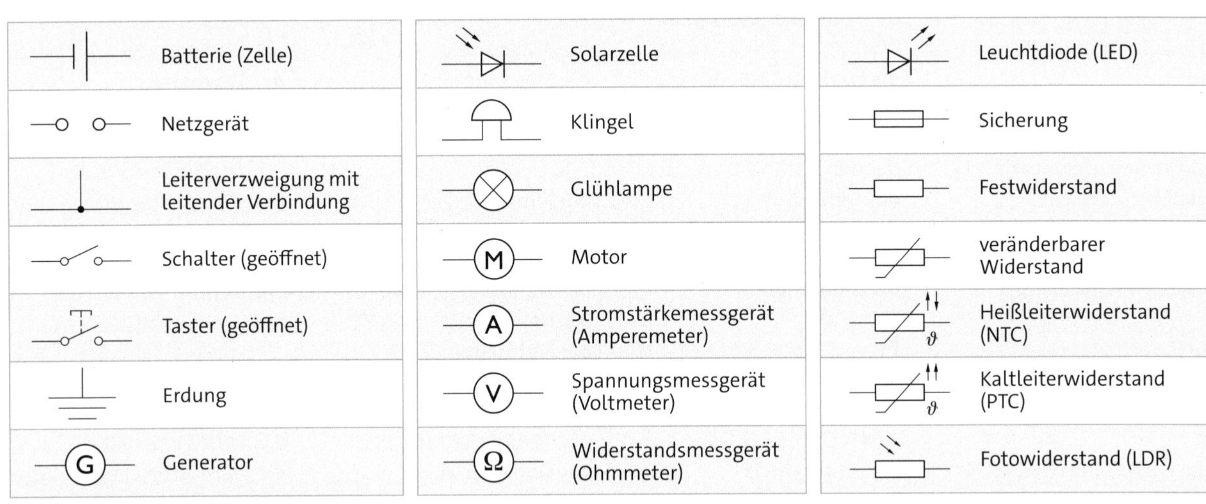

2 Schaltzeichen (Schaltsymbole)

Bildquellenverzeichnis

Cover
Hebelschalter: Volker Minkus; Smartphone: stock.adobe.com/ckybe; Origami Vogel: Cornelsen/VDL; Roter Koffer: Cornelsen Experimenta

Fotos
Cornelsen/Inhouse: 50/Schmelzsicherung, 51/7, 52/4, 60/2+3li.+3mi., 66/7+8, 68, 69 | **Depositphotos:** 15/6 Aleksey Popov | **dpa Picture-Alliance:** 7/4 fStop, 20/3re. JOKER | **Imago Stock & People GmbH:** 53/7 Jochen Tack, 67/11 Xinhua | **Markus GAA Fotodesign:** 9/Spalte Bauteil, 13/8, 14/1, 18/1+2, 19/6li., 32/1, 37/4, 39/5, 40/Flachbatterie, 41/6, 56/1, 60/1 | **mauritius images:** 7/3 alamy stock photo/Jenny Bohr, 8/1 Patti McConville/Alamy Stock Photos, 15/3 alamy stock photo/Philip Lewis, 25/re. Photo Alto, 30/2 Alamy/Michael Ventura, 30/3 Alamy/sciencephotos, 57/6 Pixtal | **PEFC Deutschland e.V.:** 2/un. | **Science Photo Library:** 3/mi.+24 ROGER HILL, 29/mi. PEKKA PARVIAINEN | **Shutterstock.com:** 12/1 Bacho, 15/4 Vladimir Arndt, 40/Autoakku You can more, 40/Batteriezelle Kjpargeter, 45/2 Smit, 45/7 hramovnick, 45/8 szpeti, 50/4 MNI, 54/1 lorenza62, 54/2 Kenneth Dedeu, 63/5 parinyabinsuk | **stock.adobe.com:** 3/ob.+4 JackF, 5/li. pijav4uk, 5/re. denisval, 20/2 Auttapon Moonsawad, 20/3li. Ronald Rampsch, 36/1 06photo, 40/Blockbatterie photomelon, 40/Handyakku Coprid, 40/Knopfzelle alexlmx, 40/Powerbank Evgeny Korshenkov, 40/Solarladegerät Yordan Rusev, 40/Steckdose stockphoto-graf, 41/4 Vlad Ivantcov, 45/3 Gudellaphoto, 45/4 Oleksii Nykonchuk, 45/5+6 momoforsale, 48/Sicherheitssymbol markus_marb, 50/3 Aleksei Golovanov, 53/8 PRILL Mediendesign, 70 Daniel Berkmann | **Thomas Gattermann:** 15/5 | **Volker Döring:** 26/1 | **Volker Minkus:** 1/un.li., 10, 17, 25/li., 28/6, 30/1, 31/5+6, 38/1, 39/3+4, 40/regelbares Netzwerk+Fahrraddynamo+2+3, 42/4, 43, 44, 48, 52/1+2, 55, 60/3re., 62/1, 66/9

Grafiken
Cornelsen/Inhouse: 26/5, 30/4, 50/Schmelzsicherung, 51/7, 52/4, 60/2+ 3li. +3mi., 62/3, 64/5, 68, 69, 66/5+7+8 | **Matthias Pflügner:** 1/mi.li., 6, 7/5, 11/4, 20/1, 21/4–9, 29, 46/1, 50/1 | **Rainer Götze:** S. 8/2–5, 9/alles außer Spalte Bauteil, 11/6–9, 12/2, 13/4+6, 14/2, 16, 19/4+5+6re., 21/10, 22, 23, 26/2–4, 27, 28, 31/7, 32/2, 33–35, 36/2+3, 37/5+6, 38/2, 41/5+7, 42/2+3, 46/2+3, 47, 49, 50/2, 51/5+6, 52/3, 53/5+6, 54/3–6, 56/2+3, 57/4, 58, 59, 61/4+5, 63/4+6, 64/1–4+6, 65, 66/1–4+6+techn. Zeichnung bei 7–9, 67/10, 72/2